人机工程学基础与应用

夏敏燕　主　编

王　琦　副主编

张新月　欧细凡　杨晓扬　编　著

电子工业出版社·

Publishing House of Electronics Industry

北京·BEIJING

内 容 简 介

人机工程学是工业设计专业学生进入产品设计、平面设计、环境设计、展示设计等专业综合训练时的必修课程。作为上海市重点课程建设项目成果的体现，本书是针对高等院校工业设计专业所编写的教材，适用于工业设计本科及高职高专相关专业的教学。

在内容安排上，本书依托几类工业设计的典型产品逐渐展开对功能性—可用性—愉悦性三个层次的人机工程因素进行论述。第一部分是人机工程学基础，包括人体尺寸、生理、心理特征；第二部分以人机工程学在产品设计中的应用为核心，尽可能地阐明问题原始的出发点及其应用的可能性和局限性；第三部分主要讲述当今人机工程学前沿的具体的研究方法。从而达到理论、实践与实验并重。

图书在版编目（CIP）数据

人机工程学基础与应用 / 夏敏燕主编. —北京：电子工业出版社，2017.11
ISBN 978-7-121-32957-9

Ⅰ. ①人… Ⅱ. ①夏… Ⅲ. ①人-机系统—高等学校—教材 Ⅳ. ①TB18

中国版本图书馆 CIP 数据核字（2017）第 262442 号

策划编辑：秦　聪
责任编辑：秦　聪　　　　特约编辑：李　姣
印　　刷：北京虎彩文化传播有限公司
装　　订：北京虎彩文化传播有限公司
出版发行：电子工业出版社
　　　　　北京市海淀区万寿路 173 信箱　　邮编 100036
开　　本：787×1 092　　1/16　印张：14.25　字数：264 千字
版　　次：2017 年 11 月第 1 版
印　　次：2023 年 8 月第10次印刷
定　　价：45.00 元

凡所购买电子工业出版社图书有缺损问题，请向购买书店调换。若书店售缺，请与本社发行部联系，联系及邮购电话：（010）88254888，88258888。

质量投诉请发邮件至 zlts@phei.com.cn，盗版侵权举报请发邮件至 dbqq@phei.com.cn。

本书咨询联系方式：（010）88254568；qincong@phei.com.cn。

前言 / Foreword

人机工程学是人体科学、工程技术、环境科学及社会学等多学科交叉的综合边缘学科。它以人的生理、心理特征为依据，以创造适宜的"人-机-环境系统"为目的，应用系统、科学的理论与方法，研究"人-机-环境"系统中各因素的相互关系，把人的因素作为设计的主要条件和原则，为设计易操作、安全、舒适的"机（产品）"提供理论依据和方法。

一、本教材的选材范围和专业适用性

人机工程学作为科学技术知识体系的重要组成部分，在工业设计专业的课程体系中占有重要地位。它是工业设计专业学生进入产品设计、平面设计、环境设计、展示设计等专业综合训练时的必修课程。其学科思想、研究方法和研究流程提供了设计的思考路线和指导方向，使其以更为理性的思维来理解设计，寻找设计的机会点，从而辅佐和修正设计方案。因此，人机工程学以独立课程单元存在，却又辅助于若干专业设计课程，从课程结构来看，属于承上启下的一门专业课程，其教学的成效直接关系到后续的设计类专业课程教学能否顺利展开。

Donald A. Norman 曾说过："当技术满足了基本需求，用户体验便开始主宰一切。"Stephen P. Anderson 在他的《怦然心动——情感化交互设计指南》一书中阐述了"用户体验的需求等级模型"，在模型中，他提出了大多数技术产品和服务的体验都要经历六个成熟等级：实用—可靠—可用—易用—令人愉悦—意义深远。满足了最基本的功能性之后，用户开始关注产品的可靠性，逐渐让产品可用、易用，从用户的认知层面实现更自然、更接近真实世界的交互方式。心理学家 Abraham Maslow 认为人的需求具有层次性，当低层次的需求得到满足后，人会继续追求更高层次的需求。Patrick W. Jordan 认为人机因素也可以具有一定的层次性，包括功能性—可用性—愉悦性三个层次。[1]

（1）层次 1-功能性：为了实现人们对这一层次的需要，人机工程学专家们最重要的是知道产品的用途及使用的情况与环境。

（2）层次 2-可用性：一旦人们已经习惯了现有的功能，就会希望产品容易使用，拥有正确的功能是可用性的先决条件，但不能保证可用性。人机工程学专家现在致力于创造可用的产品，须遵循可用性原则来确立产品设计方案。

---

[1] Patrick W. Jordan. Designing pleasurable products [M]. Taylor & Francis Ltd, 2000.

（3）层次 3-愉悦性：习惯了可用的产品，人们希望产品能提供其他的一些东西；产品不仅仅是工具，更是与人们息息相关的生活物品，产品不仅有功能性效用，也有情感效用。产品能给人带来快乐、愤怒、骄傲、羞耻、安全与紧张，也能激怒或愉悦人。

本书在内容安排上，依托几类工业设计的典型产品（也是目前大家关注较多的产品）逐渐展开对各个层次的人机工程因素论述。以人机工程学在产品设计中的应用为核心，着重讲述人体测量数据、人的生理和心理特性在产品设计中的具体应用，并尽可能地阐明问题原始的出发点及其应用的可能性和局限性。

二、本教材的使用与教学安排

人机工程学课程是一门多学科交叉的边缘性、综合性很强的学科，其内容以基本理论为核心，其他均为"散点式"知识，涉及面广，很多方法和数据需要因地制宜地进行设置。在本书的编写过程中，着力于理论和应用结合，在必要的理论知识基础上，突出工业设计专业应用人机工程学的实用性和应用性；适当删减工程技术专业相关的纯理论性的教学内容，加强本学科与工业设计专业的关联。

本书是针对高等院校工业设计专业所编写的教材，适用于工业设计本科及高职高专相关专业的教学，同时可以根据教学要求和学生素质的不同，进行不同层次的教学安排。本书内容的第一部分——人机工程学基础是必修内容；第二部分——产品设计中的人机工程学，可以根据教学的安排有选择性地进行讲授；第三部分——人机工程学方法，在具体进行产品的可用性与人的健康安全性评价时作为参考。

课程教学安排中，可以采用理论教学—实验教学—专题讨论—课程设计的教学链。通过教、学、练、交流、验证一系列的环节，让学生真正理解、掌握、运用人机工程学。在课程考核内容、方法和手段等方面建议采用过程考核与期末考核相结合的方式。

三、本书的编写情况

本书由上海电机学院设计与艺术学院工业设计教学团队共同编写，其中夏敏燕执笔第一、四、五章，张新月负责第二、三章，杨晓扬负责第六、七章包容性设计部分，欧细凡负责第七章感性工学部分、第八章可用性研究部分，王琦负责第八、九章研究方法部分。由夏敏燕进行审稿。

在本书的撰写过程中，得到了很多朋友、同事、同行和前辈的支持与指导。在此表示衷心地感谢。由于时间和水平有限，书中难免会有很多不足、不妥之处，恳请广大读者批评指正（作者 Email：xiamy@sdju.edu.cn）。

目录 / Contents

第二部分 产品设计中的人机工程学

第三部分 人机工程学方法

第一部分

人机工程学基础

第一章

人机工程学概述

第一节　引例——从电话的发展看人机工程学的演变

当设计师创造产品、空间或媒介时，他们在整个过程中不可避免地会问："人们会如何与他们的产品进行交互？"事实上，许多设计师相信，阐述人们的需求是设计的基本任务。用 Bill Moggridge 的话说，"工程师始于技术，并寻找技术的使用；商人始于商业提案，然后寻找技术和人；设计师始于人，站在人的视角寻找解决方案"。

设计师们努力想要理解的是谁？用户在整个设计过程中起到各种作用。作为具有各种尺寸和能力的人，在作为消费者成为被观察、测量甚至操纵对象时，作为问题解决过程中的动态部分时，他们被视作了标准的人。

如今，当用户行使他们自己的创造力权利时，设计师和用户之间主体和客体的区别已经不复存在。"为人设计"的方式已让位于"与人设计"。是不是所有设计都需要围绕用户，以用户为中心？不。实际上，驱动产品发展的力量来自方方面面，包括制造商短期的经济效益、设计师们表现性的或理念性的内容、社会已有的习惯与风俗等。

在这些竞争驱动中，围绕用户组织设计进程是当代设计实践的主要脉络。二十世纪中叶，电话机演进的故事展现了设计师对用户在设计中的视角发生的变化。二十世纪三十年代，Bell 实验室请 Henry Dreyfuss 设计一套新的电话机，在 AT&T 庞大的电话业务中供用户使用。Dreyfuss 是在这刚刚兴起的消费者经济时代中涌现出的工业设

图 1-1　Dreyfuss 设计的 302 型电话机（1937 年）

计领域的年轻有为人士。包括 Dreyfuss、Raymond Loewy 和 Walter Dorwin Teague 在内的一帮设计师，经常通过将机构部件整合在圆滑、雕塑般的外壳内，重新设计人机界面，提升产品的美学品质。

Dreyfuss 和 Bell 实验室在 1937 年发布了 302 型电话机（见图 1-1）。如 Model 302 般优雅、可用，但是它还是存在设计问题：三角形轮廓把手的听筒放置在支架上时很容易翻转，也难以满足用户潜意识用肩膀夹住听筒打电话的需求。

Dreyfuss 在 1949 年发布的 500 型电话机中改善了这些问题。为了创造新一代的设备，Dreyfuss 的设计团队和 Bell 实验室的工程师们开始关注把手的设计。他们研究了两千多人的脸部测量数据，来决定嘴耳之间的平均距离。最后他们赋予 G 型电话机一个平坦的、方形的轮廓，亲切地称之为"波方"（lumpy rectangle），新的把手更小、更轻，不太可能在手中翻转，也能在支架上好好放着。设计师们设计这款更家用化也更功能化的产品源于用户行为及解剖学，而不是抽象地玩角度和曲线。这款电话机的旋转式拨号盘是另一个设计点。刚开始时，500 型比老款还要花更长的时间来拨号。Bell 实验室的一个工业心理学家 John E. Karlin 将拨号盘手指洞中的数字和字母从里面移到了外面。这一变化使得长时间操作后数字和字母不易剥落，也能在操作中更为可视化（见图 1-2）。据 Dreyfuss 所言，这些简单的"目的点"减少了平均 0.7 秒的拨号时间。

图 1-2　Dreyfuss 设计的 500 型电话机（1949 年）

Bell 实验室是为 AT&T 这个服务全美国的电话垄断公司制造电话机。电话机与电话服务捆绑销售，因此电话机是为耐久性和功能性设计，而非为消费者诉求设计的。二十世纪五十年代，AT&T 为了扩展它的业务，鼓励用户安装分机，或加钱提升服务。这时就要生产各种颜色的电话机，使电话机从一个基本的技术产品变成诱人的消费产品。广告攻势诱导女性将电话机视作家装的元素之一。同时，广告商和制造商们发现十几岁的孩子是消费品的非常有利可图的一个市场。在 1959 年，Dreyfuss 公司发布了一款迷人的新电话机——公主（the Princess）。引人注目的拟人化的名字反映了它所关注的是年轻人市场，它占用更小的空间，拥有漂亮的颜色、发亮的拨号

盘（见图 1-3）。很多年轻女性把这款 Princess 电话机当做床头配件。设计团队观察到，

用户躺在床上打电话，500 型电话机的
基座重重地放在他们的肚子上；而
Princess 更轻、方便移动的设计反映了
之前没有预想到的用法，通过赋予
Princess 一个 G 型手柄，Dreyfuss 团队
研发了一款全新的产品，同时还将制造
成本最小化。Dreyfuss 称现存的手柄是
"幸存的形态"——一个熟悉的元素与
不断更新的产品结合起来。设计师们将
数字和字母又放回到指洞中，认为这时

图 1-3　Dreyfuss 设计的 Princess 电话机（1959 年）

有效性相对于节约空间而言重要性低。然而用户常常会因为拖动电话线，从而把电话
机拖离桌子，于是后来又设计了一个重一些的底座。

Dreyfuss 电话的三部曲——从经典的 302 型到研究驱动的 500 型到迷人的
Princess——体现了设计师关注的焦点变迁，从形成物品雕塑般的完整性到研究典型
用户的解剖学和行为，再到针对消费者人群。这个演变的过程体现了人、产品与环境
之间的相互关系。产品的发展，需要满足人们的生理、心理和情感的需要，同时要符
合环境中的人的特点。

第二节　人机工程学的定义

作为一门独立的学科，人机工程学在其内涵、外延及其不同方面有着不同的定义。
人机工程学定义是对其研究对象科学性、技术性和解决问题的职业特征的描述。

一、人机工程学的基本概念和定义

国际人机工程学学会（IEA，International Ergonomics Association）曾经对人机工
程学所下的定义如下，反映了相对成熟时期的学科思想。

人机工程学是研究人在某种工作环境中的解剖学、生理学和心理学等方面的因
素，研究人和机器及环境的相互作用，研究在工作中、家庭生活中与闲暇时怎样考虑

人的健康、安全、舒适和工作效率的学科。这一定义体现了人机工程学的研究对象、研究内容和研究目的。

随着人机工程学的不断发展，为了更好地反映该学科新的方向和重点，2000 年 8 月，国际工效学学会发布了新的人机工程学定义：人机工程学是研究系统中人与其他组成部分的交互关系的一门科学，并运用其理论、原理、数据和方法进行设计，以优化系统的功效和人的健康幸福之间的关系。也就是说，新的人机工程学的科学性定义是，研究系统中人与其他组成部分的交互关系的一门科学。这种研究是建立在实验科学的方法之上的，是系统地分析、实验、研究和因果关系的假设和验证。研究对象是系统中人与系统其他部分的交互关系。人机工程学的技术性定义或者职业定义是，专门运用其理论、原理、数据和方法进行设计，以优化系统的功效和人的健康幸福之间的关系。既要获得更高的系统效率，又要保证人的健康舒适。

比较先后两个定义可以发现，两者的基本思想是一致的，区别在于新的定义更强调系统间的交互关系和系统的综合，体现了人机交互的发展趋势。Wilson 等人将人机工程学的研究分为 8 个领域，如图 1-4 所示。[1]

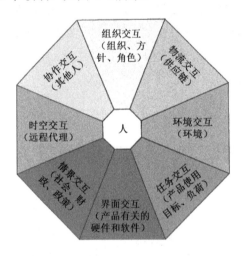

图 1-4　人机工程学的研究领域

其中，组织交互、协作交互、时空交互和情景交互属于宏观人机工程学的研究范畴。对环境交互的研究形成了人机工程学的重要分支。而界面交互和任务交互是微观人机工程学研究的热点。微观人机工程学以人机系统的观点集中研究如何优化人机交互关系，研究与外在因素相对的人机界面，改善工作空间和界面设计，确保人机系统

---

[1] Wilson J R. Fundamentals of ergonomics in theory and practice [J]. Applied Ergonomics, 2000, 31（6）:557-567.

的正常运作，依赖于人体测量学、生理学和认知心理学方法的支持。[2]本教材的阅读对象主要是工业设计专业学生，因此，主要阐述的是微观人机工程学中的界面交互、任务交互。

需要注意的是，人机工程学里所说的"机"或"机器"是广义的，也就是与人接触的产品，可以是有形的也可以是无形的。人机工程学设计要求的"安全、舒适、高效"是重要的，但也要受到其他条件的约束与目标的制衡，不是唯一的，也未必总是优先的。实际设计中，应该是在限定条件下提高安全、舒适、高效的程度。

二、人机工程学的多种学科名称

人机工程学是多种传统学科综合而成的交叉学科，应用领域广泛，因此，在此学科的形成过程中，各国学者从不同的角度为其定义了多个不同的名称，至今未曾统一，常见的有人类工效学或工效学（Ergonomics）、人的因素学（Human Factors）、人类工程学（Human Engineering）等。而在我国引进本学科之初，是根据"Ergonomics"直接译为"人类工效学"的。我国与 IEA 对应的国家一级学会，正式名称也是"中国人类工效学学会"。仍然有众多学者主张统一采用"人类工效学"，但考虑到"人机工程学"这个名称在我国流传日广，本教材还是顺应多数的习惯采用这个名称。

三、人机工程学与其他学科的关系

人机工程学是由多门不同领域的学科互相渗透、汇聚而成的边缘学科（交叉学科）。这些学科与人机学都有关系，依据关系的性质可主要分为以下三类。

（1）源头学科。例如，解剖学、生理学、心理学、人体测量学、人体力学、社会学、系统工程等。人机工程学吸收这些学科的理论和知识，经过融合形成了本学科的基础。

（2）应用学科。主要是各种类型的设计，如工业设计、视觉传达设计、室内设计、人机界面设计、交互设计、展示设计、工作空间设计等。人机工程学的理论、知识、数据资料用于这些领域，为它们服务。

（3）共生学科。主要有劳动科学、管理科学、安全工程、技术美学等。这些学科的形成、研究和应用与人机工程学互相交融。

---

[2] 孙守迁, 徐江, 曾宪伟, 等. 先进人机工程与设计——从人机工程走向人机融合[M]. 北京:科学出版社.

由此可见，人机工程学也是一门应用学科。学习本课程需要把握学科思想、基本理论与方法，并学会查找、收集、分析和运用人机工程学中的数据资料、图表等信息。

第三节　人机工程学的起源与发展简史

一、人机工程学的起源

产品符合人的需求，这一人机工程学基本思想在古今中外的一些产品或书籍中就已初见端倪。中国古代工匠对器物的宜人性已经有一些独到的见解。比如，《考工记》是 2400 年前战国初期的科技汇编名著，对部分器物的宜人性考虑与论述精彩深入，其中有两段文字的大意是[3]："……兵器，使用中有方向性，握柄截面应做成椭圆形，凭手握感知的信息，无须眼看，便可掌握刀刃的方向。枪矛之类用于刺杀的兵器，为使用中灵活自如，并避免握柄在扁薄方向挠曲，截面应做成圆形……""要根据弓箭手的性格脾性来配备弓箭，性情温和、行动迟缓的人配给强劲急疾的硬弓，暴躁性急、行动快猛的人配给柔韧的软弓……"这些论述提出要依据使用方式、使用者性格采用不同的产品形态与性能，符合人机工程学以人为本的基本思想。

图 1-5　帕提农神庙

帕特农神庙的设计代表了全希腊建筑艺术的最高水平（见图 1-5）。从外貌看，它气宇非凡，光彩照人，细部加工也精细无比。帕特农神庙特别讲究"视觉矫正"的加工，使本来是直线的部分略呈曲线或内倾，因而看起来更有张力，更觉生动。据研究，这类矫正多达 10 处之多。例如，此庙四边基石的直线就略作矫正，中央比两端略高，看起来反而更接近直线，避免了纯粹直线所带来的生硬和呆板。相应地，檐部也做了细微调整。在柱子的排列上，也并非全都垂直并列，东西两面各 8 根柱子中，只有中央两根真正垂直于地面，其余都向中央略微倾斜；边角的柱子与邻近的柱子之间的距离比中央两柱子之间的距离要小，柱身也更加粗

[3] 阮宝湘. 工业设计人机工程[M]. 北京: 机械工业出版社, 2010.

壮。这样处理的原因是，边角柱处于外部的明亮背景，而其余柱子的背景是较暗的墙壁，人的视觉习惯会把尺寸相同的柱子在暗背景上看得较粗，亮处则较细，视觉矫正就是要反其道而行，把亮处的柱子加粗，看起来就一致了。同样，内廊的柱子较细，凹槽却更多。山墙也不是绝对垂直，而是略微内倾，以免站在地面的观察者有立墙外倾之感。装饰浮雕与雕像则向外倾斜，以方便观众欣赏。人们至今仍能从饱经沧桑的神庙看出精微矫正的痕迹和出神入化的效果，这真是文明的奇迹。

人机工程学的基本思想，可以说在人类开始制造工具时就已经产生了。但在漫长的发展过程中，这个思想一直处于比较缓慢和自发的发展状态，由于没有明确的理论旗帜和系统研究，并不能说古代已经有了这门科学理论。

二、近现代人机工程学的发展简史

1. 人机工程学孕育期

工业革命的爆发，使得机器生产逐步代替了手工劳动，人们的工作形式和内容发生了变化，劳动强度和效率大幅提高。为了进一步提高工作效率，一些资本家和管理者进行了更多的研究。美国工程师 Frederick W. Toylor 在 1898 年进行了著名的"铁锹作业实验"。该实验的专题之一是用每锹分别能铲煤 6lb（1lb=0.45359237kg）、10lb、17lb 和 30lb 的 4 种大小不同的铁锹，交给操作工使用，比较他们的每个班次 8 小时里的工作效率。研究发现，几种铁锹之间有明显差别，其中 10lb 铁锹的工效最高。Toylor 等人开创了包括铁锹实验在内的"时间与动作研究"，研究各种不同的操作方法、操作动作的工作效率。包括 Frank 和 Lillian Gilbreth 夫妇的"砌砖作业实验"等多项研究。砌砖作业实验是用当时问世不久的连续拍摄的摄像机，把建筑工人的砌砖作业过程拍摄下来，进行详细的分解分析，精简掉所有不必要的动作，让工人严格按照规定的操作程序和操作动作路线进行作业。

1919 年，英国当时的工业保健研究部展开有关工效问题的广泛研究，内容包括作业姿势、负担限度、男女工体能、工间休息、工作场所光照、环境温湿度，以及工作中播放音乐的效果等。

至此，提高工效的观念和方法开始建立在科学实验的基础上，具有了现代科学的形态。他们认为只有通过测量才能找到改良生产效率的途径，并通过测量来验证改良的绩效。这一阶段的核心，是最大限度地开发人的操作效率。人适应于机器，即以机器为中心进行设计；研究的主要目的是选拔与培训操作人员。

2．人机工程学诞生期

二十世纪中的世界大战及科技进步，使飞机实现了大幅度的技术升级，但意外事故、伤亡频频发生。投入巨资研制的"先进"飞机未必能打胜仗，这使人们惊愕，也使人们醒悟：飞机的技术性能必须与使用者的生理机能相适配（见图1-6）。

1945 年，美国空军和海军建立了工程心理学实验室；1947 年，英国海军部成立了一个交叉学科研究组。次年英国人 K. F. H. Murrell 建议构建一个新的科技词汇"Ergonomics"，由希腊词根"ergon"（出力、工作）和"nomos"（规律、规则）缀接而成，新学科名称及其涵盖的研究内容为各国学者所认同，这意味着现代人机学的诞生。人机工程学得到了学术界，特别是军事领域的承认。

图 1-6　飞机驾驶舱中的仪表和操纵器

当时，美国人 Charles C. Wood 说："设备设计必须适合人的各方面因素，使操作的付出最小，而获得的效率最高。"反映了这一时期人机学的学科思想。

人机学的学科思想由此完成了重大的转变，从以机器为中心转变为以人为中心，强调机器应适合人的因素。

3．人机工程学迅速发展期

二十世纪六十年代以后，人机工程学的研究和应用，从军事工业和装备迅速延伸到民用品等广阔的领域。系统论、信息论、控制论"三论"，尤其是系统论的影响与渗入，使得人机学的学科思想又有了新的发展。1959 年，国际工效学学会（International Ergonomics Association，IEA）成立，IEA 的人机学定义也在此时确立。与强调"机器设计必须适合人的因素"不同，IEA 定义明确人机（及环境）系统的优化，人与机器应互相适应、人机之间应合理分工，人机学的理论至此趋于成熟。但在企业中，这一阶段制造新产品后会让人机工程学专家帮忙增加一个好的界面。问题是，这种产品创新过程中，基本的交互结构早已被设定好，留给人机工程学专家的只是相对表面的界面改进。不管怎样，这标志着一个新的时代开始，人机问题开始成为产品开发的一个重要因素。

4．人机工程学持续发展期

随着市场环境的变化和人们生活品质的提高，人们开始反思工业文明的负面后果。人机工程学吸收了绿色设计、情感设计、交互设计等理念，立足于人、机、环境之间保持持久和谐，立足于人的生理、心理因素，碰撞出新的思想。大量的文献资料与人机工程学问题相关，包括书、期刊、新闻及各种国际会议与研讨会，致力于人因问题。可用性成为产品的重要竞争力之一，越来越多的人机工程学专家受聘于企业。当今，许多公司将人机工程学视作设计流程中不可或缺的一部分。在大部分制造企业中，产品开发协议就规定了在整个设计过程中考虑的人因问题。未来，人机学的应用，可能会在以下几个方面形成热点——计算机人机界面、永久太空站的生活工作环境、弱势群体（残疾人、老年人）的医疗和便利设施、海陆空交通安全保障、生理与心理保健产品与设施等。

第四节　人因检测中涉及的因素

在进行人机分析时，Gavriel Salvendy 就人机学不同因素提出了相应的问题列表（见表 1-1）。[4]

表 1-1　人因检测因素列表

I.人体测量，生物力和心理因素
（1）人体尺寸的不同是否会导致设计的不同？
（2）有无应用正确的人体测量表到特殊的人群？
（3）人体关节是否接近自然位置？
（4）手工作业是否接近身体姿势？
（5）有没有涉及前弯或者扭曲躯干姿势？
（6）有没有突然活动和用力？
（7）运动姿势和活动是否可变？
（8）是否有持续的静肌负荷？
（9）持久的任务是否有足够长和可延长的间断？
（10）每个手工任务是否能量消耗有限？

[4] Gavriel Salvendy. Handbook of Human Factors and Ergonomics [M]. 3rd ed. John Wiley & Sons, Inc. 2006.

II. 姿势相关因素（坐和站）
（1）坐/站是否可转换为站/坐？
（2）工作高度是否依赖于任务？
（3）工作台高度是否可调？
（4）椅子的坐面和靠背是否可调？
（5）椅子可调节的可能性是否有限？
（6）是否引导良好的坐姿？
（7）当工作高度固定时是否提供了脚凳？
（8）是否避免了高于肩部或在身体背后用手操作的工作？
（9）是否避免了超限范围？
（10）腿脚是否有足够的空间？
（11）有没有一个倾斜的工作台面用于阅读任务？
（12）是否运用了坐/站交替控制台？
（13）工具把手是否弯曲了以顺直手腕操作？
III. 手工作业相关因素（举、拿、推和拉）
（1）是否限定涉及用手搬运物体的任务？
（2）是否达到了优化的举起状态？
（3）是否要求举起超过 23 公斤？
（4）是否采用 NIOSH 方法（Water 等，1993 年）评估举起任务？
（5）把手是否适合抓握重物并举起来？
（6）是否有几个人一起举重物或拿东西？
（7）是否能利用或拿到机械辅助设施来举或拿物？
（8）是否根据规则限定了被举物的重量？
（9）重物是否尽量靠近身体？
（10）推拉力是否限定？
（11）手推车是否安装了合适的把手和手柄？
IV. 与任务工作设计有关的因素
（1）任务是否不止一个？
（2）分配任务是由人还是机器决定的？
（3）工人完成任务是否有利于解决问题？
（4）困难和容易的任务是否可替换？
（5）工人能否独立地决定如何完成任务？
（6）工人之间是否存在交流的可能性？
（7）是否提供足够的信息来控制布置的任务？
（8）团队能否参与到管理决定中？
（9）是否给予了换班工人足够机会来恢复？
V. 与信息与控制任务相关的因素
1. 信息
（1）是否选择了一种合适的方式呈现信息？
（2）信息呈现是否尽可能地简单？

（3）是否避免了可能混淆的字母？

（4）是否选择正确的字母/文字的大小？

（5）是否避免了有大写字母的文本？

（6）是否选择了相似的字体？

（7）文本/背景对比是否清晰？

（8）图表是否容易理解？

（9）象形文字是否正确使用？

（10）是否保留提醒注意的声音信号？

2．控制

（1）是否使用触觉来获得控制的反馈？

（2）控制器之间的区别是否可用触觉分辨？

（3）控制器的排布是否连续？空间是否充裕？

（4）是否考虑到控制-显示的兼容性要求？

（5）光标控制类型是否适合要完成的任务？

（6）控制运动方面是否与人预期相匹配？

（7）在控制器位置上控制对象是否清晰？

（8）对女性操作者来说，控制器是否在易触及的范围内？

（9）识别控制器的标签或符号是否正确使用？

（10）控制器的颜色设计是否限定？

3．人机交互

（1）人机交互是否适于要完成的任务？

（2）交互是否是自我描述且用户易控制的？

（3）交互是否与用户预期相匹配？

（4）交互是否容易犯错，是否易于用户学习？

（5）对老用户是否有严格限定的通用语言？

（6）是否有适于无经验知识的新用户的富有细节的菜单？

（7）帮助菜单的类型是否适于用户能力级别？

（8）QWERTY 排布是否作为可选键盘？

（9）数字键盘区是否选择了逻辑性的布局？

（10）是否限定功能键数量？

（11）是否考虑到了人机交互间的对话局限性？

（12）不熟练的用户可否用触摸屏？

第二章

人的生理特性

第一节　人体尺寸概述

人体尺寸及其相关研究是人机工程学的重要理论基础。研究人的尺寸和尺度有助于使各种与人体尺度有关的设计对象能符合人的生理特点，让人在使用时处于舒适的状态和适宜的环境中。

一、尺寸与尺度

尺寸是指沿某一方向、某一轴向或围径测量的值。人体尺寸是指用专用仪器在人体上的特定起点、止点或经过点沿特定测量方向测得的尺寸。

尺度是基于人体尺寸的一种关于物体大小或空间大小的心理感受，也可以说尺度是一种心理尺寸。尺度是一个相对的概念，一种比例上的关系。比如，同一高度的扶手，成人和儿童的使用感觉不同。

尺寸是客观的，尺度是主观的。尺寸是物理层面的人机工程学问题，而尺度是认知和感性层面的人机工程学问题，侧重于人的心理感受。[5]尺度是造型对象的整体或局部与人的生理或人所可见的某种特定标准之间的大小关系，它比较固定。正确的产

[5]赵江洪.人机工程学[M]. 北京: 高等教育出版社, 2006.

品造型设计次序应该首先根据人机工程学确定尺寸，然后根据尺度确定和调整造型物的比例。

二、人体尺寸测量

人体尺寸是一个国家生产基本的技术依据，涉及衣食住行的方方面面。人体测量一般来说包含三个方面内容：形体测量、生理测量、运动测量。形体测量也称为静态测量，包括人体尺寸、体重体型、体表面积等。生理测量包括知觉反应、体能耐力、疲劳及生理节律等。运动测量也称为动态测量，包括动作范围、各种运动特征等。[6]本章主要讲述形体测量。按测量对象的不同，人体测量可分为个体测量和群体测量。工业产品或公共设施，是为公众或特定人群设计的。例如，过街天桥上的防护栏杆，要能防止各种过桥者从桥上摔下去，栏杆的间距和高度设计必须考虑公众的情况。所以，人机工程学技术标准提供的人体尺寸数据，是群体的人体尺寸数据。而部分设计需要根据特殊任务进行个体测量，如对宇航员进行专门测量和设计。

一些发达国家已经建立了较为完善的人体测量体系，制定相应的标准，定期进行人体尺寸数据的采集和更新。如美国早在 1919 年就对 10 万退伍军人进行了多项人体测量，目前每三～五年会发布人体尺寸数据。在二十世纪七十年代出版的 *Humanscale* 丛书提供了多张卡片，可以拨动侧边的转盘，获知多个百分位数的人体尺寸数据，还可以获得多种类型产品针对不同百分位人群的尺寸数据建议（见图 2-1）。二十世纪八十年代我国曾针对成年人进行人体尺寸测量，《中国成年人人体尺寸（GB/T 10000-1988）》是中华人民共和国国家标准，根据人类工效学要求提供了我国成年人人体尺寸的基础数值。适用于工业产品、建筑设计、军事工业及工业的技术改造设备更新及劳动安全保护。

然而，传统测量方式获得的人体三维尺寸，在设计与人体紧密接触的产品时，如可穿戴式产品，存在着人体基础参数数据缺失，难以指导设计的问题。面对这一问题，二十世纪八十年代中期，三维扫描技术应运而生，采用非接触式测量方式，可以获取更精确的人体测量尺寸，建立更直观的人体数据库。不少发达国家已经建成诸如 Size USA、Size UK 等人体测量数据库。Roger MacLaren BALL 教授的人类测量学工程项目"Size China"（中国尺码），创建了第一个中国人头部和脸部尺寸的大型数字数据库（见图 2-2）。中国标准化研究院在 2013 年启动最新的中国成年人人体尺寸抽样试点调查工作，这次调查采用先进的三维人体测量技术，调查所得到的数据将与 1988

[6]李峰, 吴丹.人机工程学[M]. 北京: 高等教育出版社,2009.

年发布的全国成年人人体测量数据进行比对,评估我国国民从二十世纪八十年代至二十一世纪初体型的具体变化,并在此基础上开展全国第二次大规模的成年人人体尺寸测量,修正国标 GB/T 10000-1988 人体尺寸数据,并为我国产品和工作环境的设计和生产提供一批最新的中国成年人三维人体尺寸数据,缓解我国当前人体尺寸数据陈旧的问题。此项研究计划将在 2018 年完成。在设计师设计产品时,可以随时调取这些三维人体测量数据,与产品形态、曲面变化进行检测,客观量化出"人－机－环境"之间的匹配程度。鉴于我国三维人体尺寸数据库尚未建立,且传统的人体尺寸数据是研究基础,故本书仍用大量篇幅进行介绍。

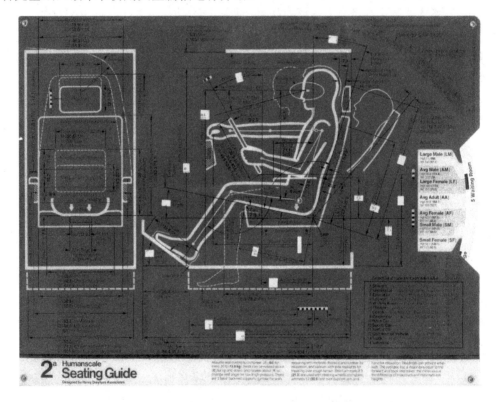

图 2-1　《Humanscale》产品尺寸建议图

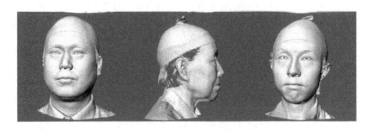

图 2-2　"Size China"的三维扫描人体头面部数字模型

1. 抽样

抽样是科学实验、质量检验、社会调查普遍采用的一种经济有效的工作和研究方法。由于个体之间存在一定程度的差异，而在实际操作中不可能对研究群体中的所有人逐一进行人体尺寸测量，而是采用随机抽样的方法。从该群体中抽取出若干（比如，N 个）个体，得到一个容量为 N 的样本，测量样本中每个个体的人体尺寸，得到一组样本观察值，然后依照数理统计理论，从样本观察值推断出该群体的人体尺寸数据。

2. 分布

要全面完整地显示人体尺寸情况，描述每一项人体尺寸，并清楚具有该数值的人占多大的比例，这就叫人体尺寸的"分布状况"。分布是一个统计概念，在统计学中，一组测量值就确定一个分布。人体尺寸分布就是人体尺寸的测量项目的各个值呈一定频次出现。人体尺寸的统计分布一般是呈正态分布的，如图 2-3 所示，靠近中间的测量值分布次数多，靠近两端的测量值分布次数少，曲线图两头低、中间高、左右对称呈钟形，因此也被称为钟形曲线。

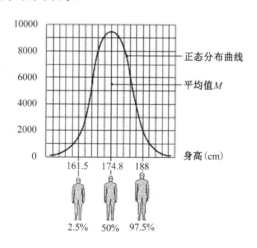

图 2-3　身高分布曲线图

3. 人体尺寸分布状况描述

国标 GB/T 10000-1988 采用了以下 2 种方法描述人体尺寸分布情况。

（1）均值与标准差。样本的平均值称样本均值，样本方差是描述一组数据变异程度或分散程度大小的指标，在数理统计中，常常用样本均值来估计总体均值，用样本方差来估计总体方差。从身高分布曲线图中可见均值表示分布的集中趋势，是一个被测群体区别于其他群体的独有特征，而标准差表示分布的离中趋势，即测量值沿均值扩散的趋势，标准差越大，分布曲线越平缓。

（2）百分位与百分位数。人的人体尺寸分布于一定的范围内，在设计时如何确定使用哪一数值可采用百分位的方法。百分位数是一种位置指标、一个界值，K百分位数 P_k 将群体或样本的全部观测值分为两部分，有 K%的观测值等于或小于它，有（100-K）%的观测值大于它。人体尺寸用百分位数表示时，称为人体尺寸百分位数。如身高分布曲线图所示，第97.5百分位的百分数为身高188cm，即被测人群中有97.5%的人身高小于等于188cm。

4．测量方法简介

测量方法与行业测量技术的发展息息相关，从最初的人体体征测量到现在包括尺度测量、动态测量、力量测量、体积测量、肌肉疲劳测量和其他生理指标的测量等多方面人体特征测量。近年，随着人体测量设备的发展，人类了解自身体征的测量方法也越来越多，对肌肉和大脑的电信号测量也广泛应用。由于这类方法随测量仪器和测量条件的迅速发展，变化很快并且逐渐因测量对象而细分，下面仅对一些常见尺寸测量技术手段和设备进行分类介绍。

（1）传统测量方法。人体尺寸测量时要求被测者不穿鞋袜、着单衣单裤，立姿的标准测量姿势为挺胸自然直立，坐姿标准测量姿势为端坐，即直腰坐。传统的测量仪器有人体测高仪、人体测量用直脚规、人体测量用弯脚规，还有人体测量用三脚平行规、坐高椅、量足仪、软卷尺、医用磅秤等（见图2-4）。

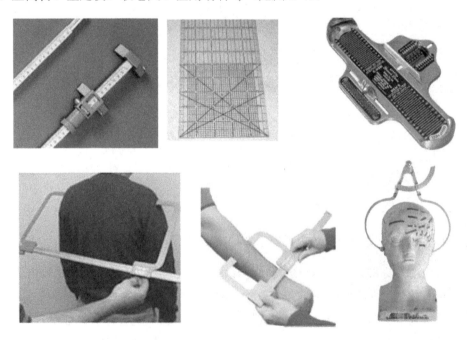

图2-4　各种人体测量仪器

（2）三维测量方法。常用的人体参数和特性的测量技术不断发展，经历了由接触式到非接触式，由二维到三维，并向自动测量、处理和分析的方向发展。非接触测量是现代化人体测量技术的主要特征。具体有如下种类。

①扫描法。当前常见的扫描法测量主要有三维摄像法、激光扫描、红外线扫描。三维扫描法是国内较成型的三维摄像法，运用的是计算机视觉中的双目成像原理，模拟人的双目系统测景深。利用摄像机可以获得一个三维人体的二维图像，即实际空间坐标和摄像机像平面坐标系之间的二维图像，提取出能完整描述人体的特征参数，综合出人体特征线。激光扫描法是多个激光测距仪在不同方位接收激光在人体表面的反射光，根据受光位置、时间间隔、光轴角度计算出人体同一高度若干的坐标值，从而得到人体表面的全部数据。红外线扫描法是摄像头先摄下人体外貌特征与人体着装轮廓，控制模臂自动从上向下间歇运动，传感头在横臂上往复运动，对人体进行全身扫描。计算机先处理摄像头摄下的轮廓尺寸，得到尺寸框架模型，再处理传感头测得的热像数据，修正人体数据框架模型，完成人体测量。这种方法可避免被测者对激光的恐惧，直接得到净体尺寸，剔除了着装的影响。

②光栅法。因激光成本高，对人体有损害，光栅法用白光代替激光，主要有莫尔法、分层法、相位法。莫尔法通过光学测量应用光栅阴影和光栅形成莫尔条线等高线得出体表的凹凸、断面形状、体形展开图等体型信息。分层法是用白光投射正弦曲线在物体上，在不规则的物体表面形成密栅影子变形，这时产生的图样可表述体表轮廓。用 6 部摄影机从不同角度进行检测，将影像合并成为完整图像，从而完成测量工作。

第二节 中国成年人的人体尺寸

国标 GB/T 10000-1988 中共列出 7 组共 47 项静态人体尺寸数据，分别是：人体主要尺寸 6 项、立姿人体尺寸 6 项、坐姿人体尺寸 11 项、人体水平尺寸 10 项、人体头部尺寸 7 项、人体手部尺寸 5 项、人体足部尺寸 2 项。每项人体尺寸都给出了 7 个百分位数的数据。这 7 个百分位数分别是：1、5、10、50、90、95 和 99，用符号 P_1、P_5、P_{10}、P_{50}、P_{90}、P_{95}、P_{99} 来分别表示它们。其中前 3 个叫做小百分位数，后 3 个叫做大百分位数，P_{50} 则称为中百分位数。这是国标 GB/T 10000-1988 描述人体尺寸分布状况的主要方法，也是设计中通常采用的、比较方便的方法。另外，还采用了人体尺寸均值和标准差，具体见本节"人体尺寸的差异"的内容。

一、常用人体尺寸数据摘录

1. 人体主要尺寸

人体主要尺寸项目如图 2-5 所示，对应的项目定义及数据如表 2-1 所示。

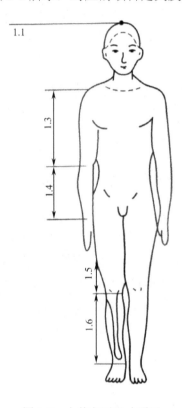

图 2-5　人体主要尺寸项目

表 2-1　人体主要尺寸　　　　　　　　　　　　　　　（单位：mm）

测量项目		男（18～60 岁）							女（18～55 岁）						
		P_1	P_5	P_{50}	P_{10}	P_{90}	P_{95}	P_{99}	P_1	P_5	P_{10}	P_{50}	P_{90}	P_{95}	P_{99}
1.1	身高	1543	1583	1604	1678	1754	1775	1814	1449	1484	1503	1570	1640	1659	1697
1.2	体重/kg	44	48	50	59	71	75	83	39	42	44	52	63	66	74
1.3	上臂长	279	289	294	313	333	338	349	252	262	267	284	303	308	319
1.4	前臂长	206	216	220	237	253	258	268	185	193	198	213	229	234	242
1.5	大腿长	413	428	436	465	496	505	523	387	402	410	438	467	476	494
1.6	小腿长	324	338	344	369	396	403	419	300	313	319	344	370	376	390

2.立姿人体尺寸和坐姿人体尺寸

立姿人体尺寸项目如图 2-6 所示,对应的项目定义及数据如表 2-2 所示。

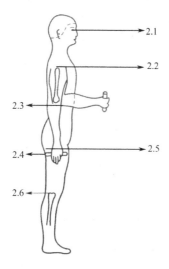

图 2-6　人体立姿尺寸项目

表 2-2　人体立姿尺寸　　　　　　　　　　　　　　　（单位：mm）

测量项目	男（18~60 岁）							女（18~55 岁）						
	P_1	P_5	P_{10}	P_{50}	P_{90}	P_{95}	P_{99}	P_1	P_5	P_{10}	P_{50}	P_{90}	P_{95}	P_{99}
2.1　眼高	1436	1474	1495	1568	1643	1664	1705	1337	1371	1388	1454	1522	1541	1579
2.2　肩高	1244	1281	1299	1367	1435	1455	1494	1166	1195	1211	1271	1333	1350	1385
2.3　肘高	925	954	968	1024	1079	1096	1128	873	899	913	960	1009	1023	1050
2.4　手功能高	656	680	693	741	787	801	828	630	650	662	704	746	757	778
2.5　会阴高	701	728	741	790	840	856	887	648	673	686	732	779	792	819
2.6　胫骨点高	394	409	417	444	472	481	498	363	377	384	410	437	444	459

坐姿人体尺寸项目如图 2-7 所示,对应的项目定义及数据如表 2-7 所示。

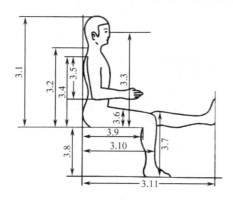

图 2-7　人体坐姿尺寸项目

表 2-3　人体坐姿尺寸　　　　　　　　　　　　　　（单位：mm）

测量项目		男（18～60 岁）							女（18～55 岁）						
		P_1	P_5	P_{10}	P_{50}	P_{90}	P_{95}	P_{99}	P_1	P_5	P_{10}	P_{50}	P_{90}	P_{95}	P_{99}
3.1	坐高	836	858	870	908	947	958	979	789	809	819	855	891	901	920
3.2	坐姿颈椎点高	599	615	624	657	691	701	719	563	579	587	617	648	657	675
3.3	坐姿眼高	729	749	761	798	836	847	868	678	695	704	739	773	783	803
3.4	坐姿肩高	539	557	566	598	631	641	659	504	518	526	556	585	594	609
3.5	坐姿肘高	214	228	235	263	291	298	312	201	215	223	251	277	284	299
3.6	坐姿大腿厚	103	112	116	130	146	151	160	107	113	117	130	146	151	160
3.7	坐姿膝高	441	456	464	493	523	532	549	410	424	431	458	485	493	507
3.8	小腿加足高	372	383	389	413	439	448	463	331	342	350	382	399	405	417
3.9	坐深	407	421	429	457	486	494	510	388	401	408	433	461	469	485
3.10	臀膝距	499	515	524	554	585	595	613	481	495	502	529	561	570	587
3.11	坐姿下肢长	892	921	937	992	1046	1063	1096	826	851	865	912	960	975	1005

3．人体水平尺寸

人体水平尺寸项目如图 2-8 所示，对应的项目定义及数据如表 2-4 所示。

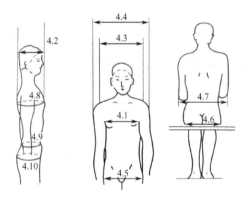

图 2-8　人体水平尺寸项目

表 2-4　人体水平尺寸　　　　　　　　　　　　　　（单位：mm）

测量项目		男（18～60 岁）							女（18～55 岁）						
		P_1	P_5	P_{10}	P_{50}	P_{90}	P_{95}	P_{99}	P_1	P_5	P_{10}	P_{50}	P_{90}	P_{95}	P_{99}
4.1	胸宽	242	253	259	280	307	315	331	219	233	239	260	289	299	319
4.2	胸厚	176	186	191	212	237	245	261	159	170	176	199	230	239	260
4.3	肩宽	330	344	351	375	397	403	415	304	320	328	351	371	377	387
4.4	最大肩宽	383	398	405	431	460	469	486	347	363	371	397	428	438	458

续表

测量项目	男（18～60岁）							女（18～55岁）						
	P_1	P_5	P_{10}	P_{50}	P_{90}	P_{95}	P_{99}	P_1	P_5	P_{10}	P_{50}	P_{90}	P_{95}	P_{99}
4.5　臀宽	273	282	288	306	327	334	346	275	290	296	317	340	346	360
4.6　坐姿臀宽	284	295	300	321	347	355	369	295	310	318	344	374	382	400
4.7　坐姿两肘间宽	353	371	381	422	473	489	518	326	348	360	404	460	478	509
4.8　胸围	762	791	806	867	944	970	1018	717	745	760	825	919	949	1005
4.9　腰围	620	650	665	735	859	895	960	622	659	680	772	904	950	1025
4.10　臀围	780	805	820	875	948	970	1009	795	824	840	900	975	1000	1044

4. 人体头部尺寸

人体头部尺项目如图 2-9 所示，对应的项目定义及数据如表 2-5 所示。

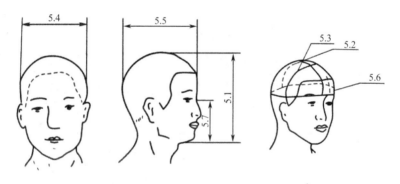

图 2-9　人体头部尺寸项目

表 2-5　人体头部尺寸　　　　　　　　　（单位：mm）

测量项目	男（18～60岁）							女（18～55岁）						
	P_1	P_5	P_{10}	P_{50}	P_{90}	P_{95}	P_{99}	P_1	P_5	P_{10}	P_{50}	P_{90}	P_{95}	P_{99}
5.1　头全高	199	206	210	223	237	241	249	193	200	203	216	228	232	239
5.2　头矢状弧	314	324	329	350	370	375	384	300	310	313	329	344	349	358
5.3　头冠状弧	330	338	344	361	378	383	392	318	327	332	348	366	372	381
5.4　头最大宽	141	145	146	154	162	164	168	137	141	143	149	156	158	162
5.5　头最大长	168	173	175	184	192	195	200	161	165	167	176	184	187	191
5.6　头围	525	536	541	560	580	586	597	510	520	525	546	567	573	585
5.7　形态面长	104	109	111	119	128	130	135	97	100	102	109	117	119	123

5. 人体手足尺寸

人体手部尺寸项目如图 2-10 所示，对应的项目定义及数据如表 2-6 所示。

人体足部尺寸项目如图 2-11 所示，对应的项目定义及数据如表 2-7 所示。

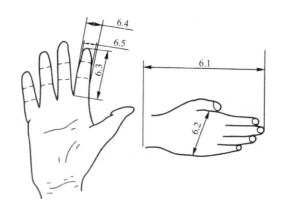

图 2-10 人体手部尺寸项目　　　　　　图 2-11 人体足部尺寸项目

表 2-6　人体手部尺寸 　　　　　　　　（单位：mm）

测量项目	男（18～60岁）							女（18～55岁）						
	P_1	P_5	P_{10}	P_{50}	P_{90}	P_{95}	P_{99}	P_1	P_5	P_{10}	P_{50}	P_{90}	P_{95}	P_{99}
6.1　手长	164	170	173	183	193	196	202	154	159	161	171	180	183	189
6.2　手宽	73	76	77	82	87	89	91	67	70	71	76	80	82	84
6.3　食指长	60	63	64	69	74	76	79	57	60	61	66	71	72	76
6.4　食指近位指关节宽	17	18	18	19	20	21	21	15	16	16	17	18	19	20
6.5　食指远位指关节宽	14	15	15	16	17	18	19	13	14	14	15	16	16	17

表 2-7　人体足部尺寸 　　　　　　　　（单位：mm）

测量项目	男（18～60岁）							女（18～55岁）						
	P_1	P_5	P_{10}	P_{50}	P_{90}	P_{95}	P_{99}	P_1	P_5	P_{10}	P_{50}	P_{90}	P_{95}	P_{99}
7.1　足长	223	230	234	247	260	264	272	208	213	217	229	241	244	251
7.2　足宽	86	88	90	96	102	103	107	78	81	83	88	93	95	98

二、部分人体尺寸项目应用场合举例

人体尺寸项目很多，为什么国家标准要选以上表格中列出的这些人体尺寸项目呢？显然，这些人体尺寸项目对工作、劳动、生活中的产品、环境设计比较重要。譬如汽车设计时考虑的静态人体尺寸包括坐高（挺直）、坐姿眼高、肩宽、胸高、前臂

长、臀宽及手长和足长等。办公室桌椅要考虑人的体重、坐姿肘高、膝高、坐姿臀宽、小腿加足高、坐深、坐姿大腿厚等尺寸数据。表 2-8 列出了部分人体尺寸的应用场合。

表 2-8　部分人体尺寸项目及对应的应用场合

人体尺寸项目	应用场合
2.1 立姿眼高	立姿下，需要视线通过或隔断的场合，如病房、监护室屏风上部高度要高于立姿眼高，开敞式大办公室隔板的高度低于立姿眼高等
2.3 立姿肘高	立姿下，手操作工作最适宜的高度是上臂下垂、前臂大体举平时，手的高度略低于肘高，如机床站姿操作的控制器高度，厨房台面、灶台高度，教室讲台高度等都与立姿肘高有关
2.4 立姿手功能高	这是立姿下不需要弯腰的最低操作件高度，如手提包、手提箱不拖到地面上等要求，均与立姿手功能高有关
3.3 坐姿眼高	坐姿下，需要视线通过或隔断的场合，如影剧院、阶梯教室的坡度设计，汽车驾驶的视野分析，计算机、电视机屏幕的放置高度等均与坐姿眼高有关

三、人体尺寸的差异

1. 个体差异

随着年龄的变化，人的身高、体重和体形都会发生明显的变化。从童年时期到成人时期，头部与身体其他部位的比例关系变化显著。婴幼儿时期头部大而圆，约占总高的 1/4，随着年龄的增长，头部变长，到成年时，约占总高的 1/7。世界上没有两片完全相同的树叶，个体与个体之间也普遍存在差异。人体体型可分为瘦体型、中等体型和胖体型三种，在针对特定体型人群进行设计时应考虑到尺寸差异。人体体形及各部位尺寸差异可能表现在个体内部，也可能表现在个体之间。

2. 群体差异

群体差异是指不同的性别、种族、国家和地区等之间的群体性差异。产品市场不断细分，针对不同群体的研究越来越深入，以确保设计能够适合目标人群的人体尺寸。要进入国际市场或不同地区的产品在设计时需要了解相应国家或地区的人体尺寸数据。

针对特定群体而设计十分重要，不同种族与地域所产生的人体差异不仅表现在尺寸上，也表现在比例上。例如，将美国女性与日本女性的人体数据进行对比，可以发现美国女性腿长占身高比例高于日本女性；若对比中国人和欧美白种人的头型可以发现，中国人头部更圆，前额头和后脑勺更平整；在脸部比例审美上，中国人喜好的比例更接近"白银比"（$1:\sqrt{2}$），欧美人则更喜欢"黄金比"（1:1.618）。

不同国家、不同地区、不同种族的人体尺寸存在差异，即使是同一国家，不同地区的人体尺寸也有差异。由于我国地域辽阔，不同地区间人体尺寸差异较大，国标 GB/T 10000-1988 将全国划分为六个区域，如表 2-9 所示给出了六个区域的身高、胸围、体重的均值及标准差数据。

表 2-9　中国六个区域的身高、胸围、体重的均值及标准差

项目		东北、华北		西北		东南		华中		华南		西南	
		均值	标准差	均值	标准差	均值	标准差	均值	标准差	均值	标准差	均值	标准差
男 （16~60 岁）	体重/kg	64	8.2	60	7.6	59	7.7	57	6.9	56	6.9	55	6.8
	身高/mm	1693	56.6	1684	53.7	1686	55.2	1669	56.3	1650	57.1	1647	56.7
	胸围/mm	888	55.5	880	51.5	865	52	853	49.2	851	48.9	855	48.3
女 （18~55 岁）	体重/kg	55	7.7	52	7.1	51	7.2	50	6.8	49	6.5	50	6.9
	身高/mm	1586	51.8	1575	51.9	1575	50.8	1560	50.7	1549	49.7	1546	53.9
	胸围/mm	848	66.4	837	55.9	831	59.8	820	55.8	819	57.6	809	58.8

由表可知，我国六个地区的身形与体重差距还是相当明显的。在设计工作中如果要用到某个地区的某项人体尺寸的某个百分位数，则可由相应人体尺寸的均值和标准差直接推算得到，公式为：

$$P_K = X \pm K\sigma$$

式中　P_K——人体尺寸的 K 百分位数；

　　　X——相应人体尺寸的均值；

　　　σ——相应人体尺寸的标准差；

　　　K——转换系数。

当求 1~50 百分位之间的百分位数时，式中取 "–" 号；

当求 50~99 百分位之间的百分位数时，式中取 "+" 号。

表 2-10　百分比与变换系数

百分比（%）	K	百分比（%）	K
1.0	2.326	70	0.524
5	1.645	80	0.842
10	1.282	90	1.282
20	0.842	95	1.645
50	0.000	99	2.326

例题 求华北地区女子（18～55岁）身高的95百分位数 P_{95}。

解 由表2-10查得华北地区女子（18～55岁）身高的均值 X 和标准差 σ 分别为 X=1586mm，σ=51.8；由表2-10查得转换系数 K=1.645。

代入算式 P_K=X+Kσ=[1586+（1.645×51.8）]mm=1671mm

3．时代差异

不同国家和地区的人体尺寸存在差别，同一个地区的人体尺寸在不同时代也不相同。随着经济水平的提高和营养状况的改善，人们的身高体重均发生了明显变化。比如，欧美国家从二十世纪初期就明显地反映出这种人体尺寸的时代差异，日本则从二十世纪五六十年代开始体现出来。而 1997 年抽样测定的中国男子平均身高为1697mm，相较于 1988 年的数据增加了 14mm。根据人体尺寸变化趋势的研究资料表明，一个国家或民族，随生活水平提高而引起的人体尺寸增加，一般会延续几十年，但增长速度会逐步减慢，幅度越来越小。另外，由于生活水平的提高及营养的改善，青少年发育年龄提前，青少年人群中所体现出的时代差异较成年人更为显著。

人体数据测量是产品开发设计时尺寸确定的主要依据。国标 GB/T 10000-1988 中所提供的人体尺寸已不能满足产品开发设计的需要，只能做大致参考。近年来已有部分企业（如服装行业）开展了一些人体测量工作，但范围较小，样本也较少。及时补充修订人体尺寸数据对与人体相关的产业及学科的发展非常有益。

第三节 人体尺寸数据应用方法

人体尺寸数据是在不穿鞋袜只穿单薄内衣，且挺直站立、正直坐姿的标准姿势下测量而得，且人有高矮胖瘦，该如何选择与应用人体尺寸数据呢？国标 GB / T12985-1991 介绍了以下方法。

一、人体尺寸百分位数的选择

1．依产品功能分类选择人体尺寸数据

依产品功能与人体尺寸的关系，可分为以下三类共四种产品类型。

（1）I 型产品尺寸设计：需要大个子和小个子两个人体尺寸作为产品尺寸设计的依据者。

若产品的尺寸需要调节才能适合不同身材者使用，属于 I 型产品尺寸设计。为大个子和小个子均能适用，分别需要一个大百分位数和小百分位数的人体尺寸作设计的依据。例如，汽车的驾驶座椅设计为可调节式，便于不同身高的用户调节到适合自身的位置，方便操纵方向盘、踩踏油门和刹车踏板，保持良好的视野。

（2）II 型产品尺寸设计又分为以下两种。

一种是 IIA 型产品尺寸设计（又称"大尺寸设计"），只需要按大个子的人体尺寸作为产品尺寸设计的依据者。

若这种产品的尺寸只要能适合身材高大者的需要，就肯定也能适合身材矮小者的需要，就属于 IIA 型产品尺寸设计。因此只需要选择一个大百分位数的人体尺寸，作为产品尺寸设计的依据即可。例如，过街天桥上防护栏杆的高度，只要保证高个子不会掉下，矮个子就可以保证安全。

另一种是 IIB 型产品尺寸设计（又称"小尺寸设计"），只需要按小个子的人体尺寸作为产品尺寸设计的依据者。

若这种产品的尺寸能适合身材矮小者需要，就肯定也能适合身材高大者需要，就属于 IIB 型产品尺寸设计。因此只需要选择一个小百分位数的人体尺寸，作为产品尺寸设计的依据即可。例如，过街天桥上防护栏杆的间距、电风扇罩子（防止手指进入受伤害）的间距等。

（3）III 型产品尺寸设计（又称"平均尺寸设计"）。

按适合中等身材者的需要，即采用第 50 百分位数的人体尺寸（P_{50}）作为产品尺寸设计的依据者。在设计中，也会遇到产品尺寸与使用者身材关系较小，或者对上限值和下限值未做要求的情况，如公共座椅的高度、电灯开关的高度、门把手及门上锁孔距离地面的高度等，可以将人体尺寸的第 50 百分位做为产品尺寸设计的依据，以期能适合更多人的使用。

2．人体尺寸百分位数的选择

设计 I 型、IIA 型、IIB 型产品的时候，大百分位数人体尺寸该用 P_{90}、P_{95}、P_{99} 中的哪一个？小百分位数人体尺寸又该用 P_1、P_5、P_{10} 中的哪一个呢？在说明这个问题之前，先引进"满足度"的概念。满足度指的是产品尺寸所适合的使用人群占总使用人群的百分比。一般而言，产品设计希望达到较大的满足度，否则产品只适合少数人使用，当然不好。但并非满足度越大越好，需要综合考虑技术上的可能性和经济上的合理性等。出于经济的考虑，常确保其 90%的满足度。如果可能的话，设计师应尽量取到 95%～98%。

根据预期的用户人群，依据产品的类型，选用对应的人体尺寸百分位数，其一般原则如表 2-11 所示。

表 2-11　人体尺寸百分位数的一般原则

产品类型	选用的人体尺寸百分位数
一般产品	大、小百分位数常分别选 P_{95} 和 P_5，或酌情选 P_{90} 和 P_{10}
涉及人的健康、安全的产品	大、小百分位数常分别选 P_{99} 和 P_1，或酌情选 P_{95} 和 P_5
成年男女通用的产品	大百分位数选用男性的 P_{90}、P_{95}、P_{99}；小百分位数选用女性的 P_{10}、P_5、P_1；III 型产品设计选用男 50 百分位数、女 50 百分位数人体尺寸的平均值（$P_{50男}$+$P_{50女}$）/2

二、人体尺寸的修正

人体尺寸测量中的数据是在被测者保持标准的立姿与坐姿状态下，着单衣单裤、不穿鞋袜测量而得的。在用于设计时，在应用人体尺寸测量数据时需加以修正，这就是所谓的修正量。修正量分为功能修正量和心理修正量两大类。

1．功能修正量

功能修正量是设计时考虑到实际中人的可能姿势、动态操作、着装等需要的设计裕度，包括穿着修正量、姿势修正量和操作修正量。

（1）穿着修正量

包括穿鞋修正量和着衣着裤修正量。

穿鞋修正量中，立姿时的身高、眼高、肩高、肘高、手功能高、会阴高等，男子+25mm，女子+20mm。

着衣着裤修正量中，坐姿时的坐高、眼高、肩高、肘高等+6mm，肩宽、臀宽等+13mm，胸厚+18mm，臀膝距+20mm。

（2）姿势修正量

姿势修正量是指人们在日常生活中，全身采取自然放松姿势所引起的人体尺寸变化。

包括立姿身高、眼高、肩高、肘高等-10mm，坐姿坐高、眼高、肩高、肘高等-44mm。

（3）操作修正量

实现产品功能所需的修正量。如上肢前展操作时，前展长指的是后背到中指指尖的距离，而中指指尖往往并不能完成操作。

在按钮时-12mm，在推滑板推钮、扳拨扳钮开关时-25mm，在取卡片、票证时-20mm。

上肢前展操作只是操作中的一种情况，更多操作修正量数据需要在设计中根据实际情况，通过研究实测来加以确定。

2. 心理修正量

心理修正量，就是为了消除空间压抑感、恐惧感，为了美观等心理因素而加的修正量。一般依据实际需求和条件许可两个方面进行设计考虑。如工程机械驾驶室，若其空间大小刚刚能容下人们完成必要的操作活动，会使人们在其中感到局促和压抑，因此在可行的条件下应适当增加活动空间以消除操作者心理上的不适感。再如对于高度较高的工作平台，操作者站在普通高度的护栏旁会有恐惧心理，进一步加高栏杆的高度才能让操作者消除恐惧，获得安全感。

人的心理会随外界环境的变化而产生变化，所以人的心理修正量在不同场景下存在较大差异，还需要考虑其他相关因素。例如，家庭住宅、大学教室和礼堂剧院三种不同的室内空间，心理修正量会依次增大。

三、产品功能尺寸的确定

功能尺寸是指为保证产品实现某项功能所确定的基本尺寸。依据选择好的人体百分位数和尺寸修正量，能够合理地设定产品的功能尺寸。这里所说的功能尺寸基本限于人机工程范围中与人体尺寸有关的尺寸；通常也有别于标注在加工制作图样上的尺寸。例如，沙发座面高度的功能尺寸，是指有人坐在上面、被压变形后的高度尺寸。产品功能尺寸有最小功能尺寸和最佳功能尺寸两种：

产品最小功能尺寸=相应百分位数的人体尺寸+功能修正量；

产品最佳功能尺寸=相应百分位数的人体尺寸+功能修正量+心理修正量。

此外，在设计中也要考虑动态的因素，在考虑人必须执行的操作时，要选用动作范围的最小值，在考虑人的自由活动空间时，要选用动作范围的最大值。动态范围也就是人体在从事某项活动时所占据的空间尺寸和四肢活动范围，即动态人体尺寸。

四、案例：厨房操作台吊柜尺寸人机分析

住宅厨房是按人体工程学、烹饪操作程序、模数协调及管线组合原则，采用整体设计方法而建成的标准化、多样化，完成烹饪、餐饮、起居等多种功能的活动空间（见图 2-12 与表 2-12）。影响厨房设计的因素很多，其中最为关键的是户型的限制与人们的饮食习惯。

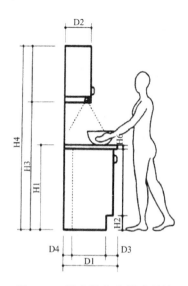

图 2-12 厨房操作台尺寸项目

表 2-12 国际标准 ISO3055—1985《厨房设备协调尺寸》

方向	项目名	项目含义	推荐高度
高度	H1	操作台高度	（750）、800、850、900
	H2	踢脚板	150（当 H1=900）
	H2		100（当 H1=750、800、850 ）
	H3	地面到吊柜底部的净高	1750～1850
	H4	高柜、吊柜顶部的净高	$1900+n \times 100$
	H6	操作台面厚度及洗涤台盖板高度	30 或 40
进深	D1	操作台、底柜和高柜的进深	500、550、600
	D2	吊柜进深	300、350
	D3	操作台前沿凹口深度	≥50
	D4	水平管线区深度	60

1. 操作台高度

若针对大众设计，则应属于III型尺寸设计任务。操作台属于成年男女通用型产品，且为III型产品，故选用男、女"肘高"50百分位数人体尺寸的平均值（$P_{50男}+P_{50女}$）/2，考虑到穿鞋修正量（男子＋25mm，女子＋20mm）及姿势修正量（立姿－10mm），且操作台高度应比肘高低150～200mm，这里选180mm，故

操作台高度=［（1024+960+20+25）÷2］-10-180=824.25mm。

在国际标准中，操作台高度为750、800、850、900mm四档。在定制化厨房设计中，也可根据家庭中主要烹饪者的身高来选择台面高度。

2. 操作台宽度

人站立时所占的宽度为女660mm，男700mm，但从人的心理需要来说，必须将其增大至一定的尺寸。根据手臂与身体左右夹角呈15°时工作较轻松的原则，操作台宽度应以760mm为宜。因此，若条件允许，操作台的宽度应不小于760mm。

3. 水池上缘高度

立姿下在略低于肘高的位置操作最适宜，但在水池里洗东西还需略弯腰，并非最佳。但若增高水池，手在池中进出容易弄湿袖子，也造成不便，故权衡中取中间值。

取立姿肘高+穿鞋修正量-（200~140）mm；

立姿肘高：$P_{50女}$=960mm；

960+20-（200~140）=780~840mm。

当前为保证整体性、易清洁性，水池上缘高度与操作台高度保持一致。

4. 灶台高度

放置灶具的台面应扣除锅和灶具的高度。台式炉灶在普通操作台高度上减去炉灶和锅的高度200mm，嵌入式炉灶减去锅的高度100mm。同样的，当前整体厨房灶台高度往往跟操作台一致。而韩国设计师NUYN设计的随锅底形变的电磁炉（见图2-13），可有效降低烹饪时手部高度，同时减少能耗。

图2-13 韩国设计师 NUYN 设计的随锅底形变的电磁炉

5．操作台深度

操作台要能放置下常用的灶台，并留有一定的空间搁置，深度大于 450mm。另要考虑人手能够及台面上的东西，涉及"上肢功能前伸长"（见图 2-14 与表 2-13），属 IIB 型产品，取 $P_{5女}=607mm$。因此，450mm≤操作台的深度≤600mm。

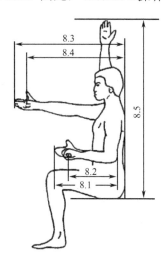

图 2-14　工作空间坐姿人体项目

表 2-13　工作空间坐姿人体尺寸

测量项目	男（18～60 岁）							女（18～55 岁）						
	P_1	P_5	P_{10}	P_{50}	P_{90}	P_{95}	P_{99}	P_1	P_5	P_{10}	P_{50}	P_{90}	P_{95}	P_{99}
8.1 前臂加手前伸长	402	16	422	447	471	478	492	368	383	390	413	435	442	454
8.2 前臂加手功能前伸长	295	310	318	343	369	376	391	262	277	283	306	327	333	346
8.3 上肢前伸长	755	777	789	834	879	892	918	690	712	724	764	805	818	841
8.4 上肢功能前伸长	650	673	685	730	776	789	816	586	607	619	657	696	707	729
8.5 坐姿中指指尖点上举高	1210	1249	1270	1339	1407	1426	1467	1142	1173	1190	1251	1311	1328	1361

6．吊柜高度

吊柜高度依据较小身材的女子伸手取物不太困难来设计，同时兼顾较高男子不碰头。

前者属于 IIB 型产品，依据女子 5 百分位数的"双臂功能上举高"，$P_{5女}=1741mm$。加穿鞋修正量 20mm，得 1761mm。

后者属于 IIA 型产品，依据男子 95 百分位数的"身高"（见图 2-15 与表 2-14），$P_{95男}=1775mm$。加穿鞋修正量 25mm，得 1800mm。

这两个结果看起来有矛盾，目前采用的形式是将吊柜进深变窄，大约为操作台深度的一半，使得高个子男子在烹饪时不易碰到，酌取 1750～1850mm。

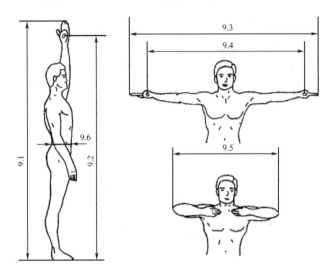

图 2-15　工作空间立姿人体项目

表 2-14　工作空间立姿人体尺寸

测量项目	男（18～60 岁）							女（18～55 岁）						
	P_1	P_5	P_{10}	P_{50}	P_{90}	P_{95}	P_{99}	P_1	P_5	P_{10}	P_{50}	P_{90}	P_{95}	P_{99}
9.1 中指指尖点上举高	1913	1971	2002	2108	2214	2245	2309	1798	1845	1870	1968	2063	2089	2143
9.2 双臂功能上举高	1815	1869	1899	2003	2108	2138	2203	1696	1741	1766	1860	1952	1976	2030
9.3 两臂展开宽	1528	1579	1605	1691	1776	1802	1849	1414	1457	1479	1559	1637	1659	1701
9.4 两臂功能展开宽	1325	1374	1398	1483	1568	1593	1640	1206	1248	1269	1344	1418	1438	1480
9.5 两肘展开宽	791	816	828	875	921	936	966	733	756	770	811	856	869	892
9.6 立姿腹厚	149	160	166	192	227	237	262	139	151	158	186	226	238	258

厨房通常是为一般身材的正常人设计的,在特殊的情况下如为乘坐轮椅者或老年人设计,则需改变或改装标准橱柜和设施。

第四节　人体的感觉系统特性

人的生理基础是开展一切设计的先决条件,人与外界发生联系的主要是三个子系统,即感觉系统、神经系统与运动系统。人接受外界信息（刺激）而作出反应的过程称为感知响应过程。感觉系统包括感受器、神经通路及大脑中与感觉知觉有关的部分，通常而言感觉系统包括那些和视觉、听觉、触觉、味觉及嗅觉相关的系统。运动系统由骨、骨连结和骨骼肌三种器官组成，其主要的功能是运动、支持和保护。神经系统是人体的信息传输、处理中心，人的整个信息接收、加工和输出的过程，都受神经系统的支配和调节。人体感知响应过程的顺序是感觉器官—传入神经—大脑皮层—传出神经—运动器官。本节主要阐述感觉系统特性。

一、感觉器官与感觉类型

人依靠感觉接收外界环境和自身状况的信息。人体的感觉类型主要包括视觉、听觉、嗅觉、味觉、皮肤觉、平衡觉和运动觉。人接受的外界信息中，从视觉获得的比例最大，听觉次之，皮肤觉（温湿觉、触压等）再次之。在产品设计中，视觉、听觉、触觉应用最广，它们的适用场合与感觉识别的信息如表 2-15 所示。[7]

表 2-15　感觉通道与适用场合

感觉通道	适用场合	感觉识别的信息
视觉通道	传递比较复杂的或抽象的信息 传递比较长的或需要延迟的信息 传递的信息以后还要引用 传递的信息与空间方位、空间位置有关 传递不要求立即作出快速响应的信息 所处环境不适合使用听觉通道的场合 虽适合听觉传递，但听觉通道已过载的场合 作业情况允许操作者固定保持在一个位置上	形状、位置、色彩、明暗
听觉通道	传递比较简单的信息 传递比较短的或无需延迟的信息 传递的信息以后不再需要引用 传递的信息与时间有关 传递要求立即作出快速响应的信息 所处环境不适合使用视觉通道的场合 虽适合视觉传递，但视觉通道已过载的场合 作业情况要求操作者不断走动的场合	声音的强弱、高低、音色
触觉通道	传递非常简明的、要求快速传递的信息 经常要用手接触机器或其装置的场合 其他感觉通道已过载的场合 使用其他感觉通道有困难的场合	冷热、干湿、触压、疼、光滑或粗糙等

---

[7]丁玉兰. 人机工程学[M]. 北京: 北京理工大学出版社, 2005.

在产品设计时，要充分考虑到信息传递适合的通道。如手机中信息显示方式与信息传递特征如表 2-16 所示。

表 2-16　手机界面显示方式及信息传递的特征

手机界面显示方式	信息传递的特征
视觉显示界面	比较复杂和抽象的信息，文字，图片，影像等 不需急迫传递，传递的信息很长，或者需较长时间保留的信息 所处环境不适宜听觉信息的传递或听觉传递负荷过重 控制界面后的反馈信息，如显示短消息已发送
听觉显示界面	简单且需快速传递，较短或无法延迟的信息，如通话等 无意识状况下的提示信息，如闹铃，来电等 控制界面后的反馈信息，如按键的声音 休闲或放松时所用的信息，如歌曲或游戏的音乐
触觉显示界面	使用视听觉通道传递信息困难或负荷过重的场合，如震动提示 静态感官体验的信息，如造型和材质的手感 动态感官体验的信息，如打开翻盖手机的信息感受 控制界面后的反馈信息，如按键的键程

二、视觉器官与视觉过程

视觉是人类最重要的感觉通道，有 80%以上的外界信息经视觉获得。人和动物通过视觉可以感知外界物体的大小、明暗、颜色、动静等各种信息。视觉是一个生理学词汇。光作用于视觉器官，使其感受细胞兴奋，其信息经视觉神经系统加工后便产生视觉。

1. 视觉器官——眼睛的构造

人眼是视觉系统的外周感觉器官（见图 2-16），可分为感光细胞（视杆细胞和视锥细胞）的视网膜和折光（角膜、房水、晶状体和玻璃体）系统两部分。其适宜刺激是波长为 370～740nm 的电磁波，即可见光部分。该部分的光通过折光系统在视网膜上成像，经视神经传入到大脑视觉中枢，就可以分辨视觉范围内的发光或反光物体的轮廓、形状、大小、颜色、远近和表面细节等情况。

人眼的感光细胞包括视锥细胞和视杆细胞。视锥细胞对亮光敏感，而且可以分辨颜色。视杆细胞可以感觉暗淡的光，其分辨率比较低，而且不能分辨颜色（见表 2-17）。猫头鹰只有视杆细胞。在视锥细胞最集中的地方是视力最敏锐的地方，称为黄斑，位于视网膜中心。在视觉神经的出路处，没有感光细胞，故被称为盲点。

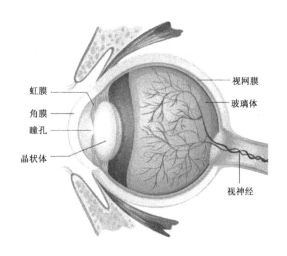

图 2-16　人眼的结构

表 2-17　视锥细胞和视杆细胞比较

视觉细胞类型	其作用的条件	色彩识别能力	在视网膜中的位置
视杆细胞	光线很弱	只能区别黑白, 无分辨颜色的功能	边缘区域
视锥细胞	光线很强	能分辨颜色和细节	中心区域

2. 视觉过程

人眼的结构很像一部相机, 却不能像相机一样机械的复制, 而是有选择性地接收外界信息。在复杂的环境中, 人的视觉会由于生理、心理特点及需要有所挑选地接收外界信息。从有目的的行为看, 人的感知受到动机意图的指引, 在感知过程中有目的地通过感官知觉从环境中去察觉可为自己的行动提供条件的信息。当人接收到需要的信息后, 采取相应的感知和行动。比如, 当一个人需要拨打电话时, 拿起手机, 眼睛在行为目的的驱使下迅速捕捉显示屏上的拨号键, 在这一过程中, 眼睛关注与拨打电话相关的信息。

人在复杂的环境中识别物体、搜索目标的视觉感知过程, 就是通过视觉接收外界信息并对所接收的信息加以组织和理解的过程。我们可以将人的视觉感知过程简单分为感觉、选择和理解三个阶段。

视觉感知的感觉过程: 通过视觉的感觉器官接收外界信息的过程。在这一过程中, 人的视野范围、视觉中心点位置、视网膜能够接收的外界光的刺激范围等对接收信息的效果均有影响。在设计中需要考虑人的视野、视区、视觉适应等。

视觉感知的选择过程: 通过视觉感知将人所接收到的外界信息进行组织, 并从中选择出部分信息的过程。[8]人的生理、心理、视觉经验、记忆等多重因素会对选择过程产生影响。在设计中需要考虑视觉注意、视觉信息清晰度等。

视觉感知的理解过程：对视觉所选择的外界信息进行解释的过程。在这一过程中，人们会将记忆中的信息与眼前所见事物进行比较与理解，确认外界信息的含义。人的视觉经验、记忆、学习特点和信息的特征或单独或共同作用于理解过程。在设计中需要考虑人类的视觉信息特征和视觉经验等因素。

三、视觉特性

1. 视野与视区

视野也称为视场，是指人的头部和眼睛在规定的条件下，人眼可察觉到的水平面和铅垂面内的空间范围，分为直接视野、眼动视野和观察视野（见图 2-17）。

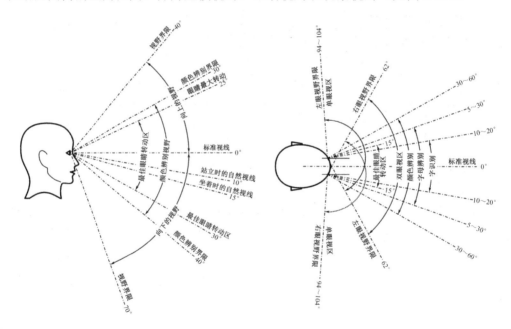

图 2-17　人的垂直视野和水平视野

直接视野：当头部与双眼静止不动时，人眼可观察到的水平面与铅垂面内所有的空间范围。

眼动视野：当头部保持在固定的位置，眼睛为了注视目标而移动时，能依次注视

[8]熊兴福、舒余安.人机工程学[M]. 北京: 清华大学出版社, 2016.

到的水平面与铅垂面内所有的空间范围。

观察视野：身体保持固定位置，头部与眼睛转动注视目标时，能依次注视到的水平面与铅垂面内的所有空间。

此外，色彩对人眼的刺激程度不同，人眼的色觉视野也有所差异（见图2-18）。

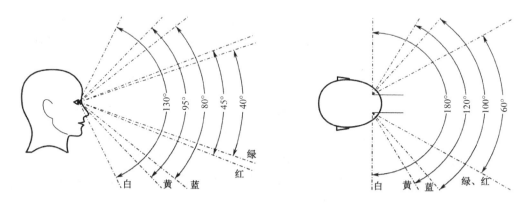

图 2-18 铅垂面内色觉视野与水平面内色觉视野

视野范围内的大部分只是人眼的余光所及，仅能感到物体的存在，不能看清看细。按照对物体的辨认效果，可分为中心视区、最佳视区、有效视区和最大视区（见表2-18）。

表 2-18 不同视区的空间范围和辨认效果

视区	范围		辨认效果
	铅垂方向	水平方向	
中心视区	1.5°~3°	1.5°~3°	辨别物形最清楚
最佳视区	视水平线下15°	20°	在短时间内能辨认清楚形体
有效视区	上10°，下30°	30°	需集中精力，才能辨认清楚形体
最大视区	上60°，下70°	120°	可感到形体存在，但轮廓不清楚

2. 视觉适应

视觉适应是视觉器官的感觉随外界亮度的刺激而变化的过程。视觉适应有暗适应和明适应两种。由明亮环境进入黑暗环境，在黑暗环境中逐渐能看清楚物体，称为暗适应，这个过程所需时间较长，有时十几分钟后还在继续。反之，从黑暗的环境进入明亮的环境，眼睛过渡到明视觉状态称为明适应，所需时间为几秒或几分钟。频繁的视觉适应会导致人眼迅速疲劳。

在设计中，针对人眼的视觉适应特征，应尽量减少视觉适应的时间和出现的频率。比如，照明强度应避免变化过快，逐渐变亮的灯具对人眼的刺激较小。隧道交通属于典型的"暗适应——明适应"过程，在隧道行驶过程中，光线明暗转换时间明显短于驾驶者完全适应时间，而短时间内视觉感知能力大幅下降便是酿成诸多事故的根本原因。所以隧道照明系统应以缩小明暗差为改进设计的主要出发点，尽量使隧道内部光照环境与外部环境趋同。

当视野内出现过高的亮度或过大的亮度对比度时，人们就会感到刺眼，这种刺眼的光线即眩光。眩光的视觉效应主要是使暗适应破坏，产生视觉后像，使工作区的视觉效率降低，产生视觉不适感并分散注意力，易造成视疲劳，长此以往甚至会对视力造成损伤。Aecom 公司为澳大利亚布里斯班市的一条隧道设计的顶棚方案中，顶棚的独特雕塑设计和流动的形状模拟了布里斯班的亚热带大树盖，顶棚中的金属百叶结构过滤了阳光，使得驾驶者进入隧道时不会被阳光晃眼，起到过渡作用（见图 2-19）。在设计中，对眩光光源可考虑使用半透明或不透明材料减少其亮度或进行遮挡，以避免光线直射。针对反射眩光，可通过变换光源的位置使反射光不处于视线内，还可以通过改变产品材质和涂层的方法来降低反射系数。针对对比眩光，可适当提高环境亮度，减小亮度对比。

图 2-19　起到过渡作用的隧道顶棚方案

三、听觉特性

听觉是声波作用于听觉器官，使其感受细胞兴奋并引起听神经的冲动发放传入信息，经各级听觉中枢分析后引起的感觉。听觉的外周感受器官是耳，由外耳、中耳和内耳迷路中的耳蜗部分组成。听觉对动物适应环境和人类认识自然有重要的意义，对于人类而言，有声语言是互通信息交流思想的重要工具。一般人最佳听闻频率范围为：20～20 000Hz。

听觉的报警功能对人具有重要的生物意义，通过听觉，人可以意识到危险，并作出相应的反应。在设计中，需了解听觉系统的报警功能并合理运用，比如汽车设计中，行人听到汽车的声音，引起警觉，做出躲避汽车的反应。此外，人有一定的听觉特征。

1. 声音的掩蔽

一个较弱的声音的听觉感受被另一个较强的声音影响的现象称为人耳的"掩蔽效

应"。比如，在一个安静的环境中，吉他手的手指轻轻滑过琴弦的响声容易被人耳觉察到，但如果同样的琴弦声在车水马龙的环境中，就难以被人察觉。

人总是在一定的噪声环境中接收声音信号的。在工业生产上，噪声的掩蔽效应是广泛存在的。这一掩蔽效应经常使操作人员听不到事故的前兆和警戒信号，比如行车信号、危险报警信号等，从而发生工伤事故。另外，由于噪声掩蔽了指令信号而引起误操作亦会导致事故的发生，一些生活中的常用物品，如手机，在铃声的设计上也需要考虑声音掩蔽这一因素。

2. 听觉的时间特性

听觉的时间特性是指人耳不能立即对声音做出反应。研究表明，对于纯音音调，人耳大约要花 0.2～0.3 秒的时间来形成声音。为了补偿这一滞后，时长短于 0.2~0.5 秒的声音信号将不如持续更长时间的信号响。

另外，随着年龄的增长，老年人对高频声音的听力加工水平不断下降，因此，当一件产品需要使用音频与用户进行交互，那么就要非常注意音频的音量和清晰度等因素对用户的影响。

四、躯体感觉

躯体感觉包括触觉、痛觉、温度觉等。躯体感觉与视觉、听觉相比，没有像眼睛、耳朵这样特定的感受器，在人的身体表面，布满了对不同触觉刺激敏感的神经末梢，称为躯体感受神经元，构成躯体感受器。

1. 触觉

触觉是接触、滑动、压觉等机械刺激的总称，是由机械刺激触及了皮肤的触觉感受器而引起的。触觉在设计中一般运用在那些视觉和听觉负担过重的工作的设计中。比如，在嘈杂的环境下，为了避免错过信息将手机的震动模式打开。

对于盲人来说，触觉的意义重大。由于身体的补偿性机制，对于盲人来说，触觉是居于听觉以外最重要的通道，往往触觉会比较灵敏。在设计中，解决盲人使用产品过程中认知障碍和操作不便的问题，可通过强化产品的触觉体验，提升盲人使用产品时的感受性。

随着社会的发展，人们对产品的需求已经上升到情感满足的阶段。在产品设计中，产品的感性认知与表达愈加重要，其中产品的触觉设计也发挥着作用。具有良好触觉设计的产品不仅体现了对人生理上的关照，更使人通过触觉体验得到精神上的愉悦和情感上的满足，利用产品形态、体积、材质本身的肌理来塑造产品的触感，可以达到产品与人心理沟通的效果。隈研吾设计的蛇皮纹样擦手纸巾（见图 2-20），传统的和纸压上蛇皮花纹，带给使用者某种记忆价值。日本设计师深泽直人设计的创意果汁包装，命名为"果汁的肌肤"（见图 2-21），将水果本身的质感移植到了包装盒上，给人一种喝果汁就像是在吃真正的水果一样的错觉，用触感唤醒了人们吃水果的记忆。

图 2-20　蛇皮纹样擦手纸巾　　　　图 2-21　"果汁的肌肤"

另外，利用触觉的作用，也可以起到提高效率的作用，比如瓶盖侧面密集的条纹利于拧瓶盖时增加摩擦。在钥匙的设计中设置一个凸起或凹陷，以表明钥匙的使用方向，即使在较暗的环境中也能方便使用。

2．痛觉

痛觉是有机体受到伤害性刺激所产生的感觉，有重要的生物学意义。疼痛对人具有保护作用，是有机体内部的警戒系统，能引起防御性反应，突然的疼痛意味着人要立即采取行动回避刺激物或适应新的情况。很多时候疼痛总是伴随着人的其他刺激一起发生，但在设计中运用痛觉传递信号的情况较少，有时需要通过设计运用其他的感觉或注意来减轻痛觉对人的影响。

3．温度觉

人的皮肤能够感受温度的变化。皮肤的温度大约是 32℃ 或 33℃，人的皮肤能够适应 16℃~40℃ 的温度，当低于这个温度时人会感觉到冷，高于这个范围会感觉到热。

在设计中要充分考虑人的温度觉。比如，感温变色花洒在设计中将温度觉与视觉相结合，不同的水温呈现不同的颜色，使用户能直观地感受到水的温度，避免直接接触水流时因过冷或过热造成不适（见图 2-22）。又如木马设计公司为 OTIS 公司设计的马德里系列电梯轿厢（见图 2-23），设计源于建筑的流行风格，可以根据楼宇建筑的风格选用不同的轿厢设计。在轿厢中采用明快的冷色调来创建一种轻快生动的环境，适合南方地区或者是夏天的消费者使用需求，抑或是选择引人注目的暖色调来营造一种热情的氛围，适合北方地区或者是冬天的消费者心理需求。这种个性化的格调可以结合在轿顶、轿厢壁和操纵盘中。

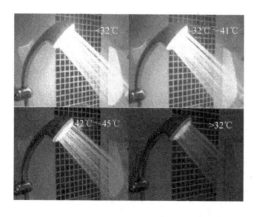
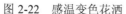

图 2-22　感温变色花洒

图 2-23　马德里系列——叠彩几何电梯轿厢设计

五、化学感觉

人的化学感觉大致可分为状态不同的嗅觉和味觉两类，对应的化学感受器分别是鼻和舌，通过感受器人们可以了解物质的性质。通常味觉和嗅觉是联合起作用的。比如，对食物的知觉依赖于味觉和嗅觉的交互作用，当感冒破坏了人的味觉时，也就品尝不出食物的美味了。人有四种基本的味觉，分别是酸、甜、苦、辣，均为心理知觉，这些知觉与舌头上的化学物质存在对应关系。嗅觉感受器对气态化学物质十分敏感，遇到难闻的气味就逃避，能够分辨腐臭或怪味的食物，还经常靠鼻子分辨一些东西，有研究表明，难闻的气味或具有怪味的食物往往对人体有害，人会本能地逃避，这也是人在长期进化中形成的一种保护性本能。味觉、嗅觉也正逐渐应用到产品设计中，如食谱界面中散发出所制作的菜的香味，或者接收短消息时散发信息发送者选择的香氛。

第五节　人体的运动系统特性

一、运动系统

运动系统主要由骨、骨连接和骨骼肌三种器官所组成。骨以不同形式连结在一起，构成骨骼，形成人体的基本形态，并为肌肉提供附着，三者在神经系统的支配和协调下，肌肉收缩，牵拉其所附着的骨，以可动的骨连结为枢纽，产生杠杆运动，共同准确地完成各种动作。运动系统主要的功能是运动、支持和保护脏器。

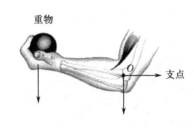

图 2-24　手臂受力简化杠杆示意

骨是运动的杠杆，骨连接是运动的枢纽。骨是人体内最坚固的组织，骨与骨之间通过人体纤维组织和软骨等相连，形成骨连接，骨连接有直接连接和间接连接两种，间接连接即我们常说的关节。在人体运动中，骨在肌肉的拉力下绕关节转动，其原理、结构和功能与机械杠杆相似，所以叫做骨杠杆。利用骨杠杆，可以把人的运动模型简化为一个力学模型加以研究（见图 2-24）。

肌肉为人体运动提供能量，是运动的动力。人体分布着超过 600 块肌肉，肌肉由肌纤维组成。肌肉最重要的活动行为就是肌肉收缩，肌肉收缩产生肌力，肌力可以作用于骨，然后通过人体结构再作用于其他物体，这个过程称为肌肉施力。

二、人体的施力与肌力

1. 静态施力与动态施力

肌肉施力有两种形式，静态肌肉施力和动态肌肉施力。静态肌肉施力是保持收缩状态的肌肉运动形式。在静态施力时，收缩的肌肉压迫血管，阻止了血液进入肌肉，肌肉缺乏功能物质，代谢物不能排出，容易引起肌肉疲劳。长时间的静态施力易发生永久性疼痛的病症，如椎间盘突出和关节炎。

动态肌肉施力则是肌肉运动时收缩和舒张交替改变。在动态施力时，血液随肌肉的舒张和收缩进入和压出肌肉，供能物质和代谢物都能顺利地进入和排出肌肉，人不容易感觉疲劳。人们在动态施力期间，可计算施力所做的功，例如：用双脚行走、用单手拿着指挥棒在空中划圆圈等。

生活中几乎所有的工业和职业劳动都包括不同程度的静态施力，人们在静态施力期间，无法计算施力所做的功。例如，右手提着装满水的水桶站立不动、双手抱着婴儿坐着不动等。当人们对于某静止物体使出最大力气时，叫做最大意志施力（Maximal Volitional Contraction，MVC）。当人们施力相当于最大肌力的 60% 时（60% MVC），流向该收缩肌肉的血液几乎完全被阻断；如果施力小于 15%～20% MVC 时，血流量就趋于正常。但是实际研究发现：静态施力维持在 15%～20%MVC 时，经过一段长时间之后也会产生肌肉疼痛疲劳的现象。因此专家学者建议：在一整天的工作时，最好使静态施力小于 10% MVC，这样才可以持续工作好几个小时而不会觉得疲劳。通常情况下，某一活动既包含静态施力也有动态施力，难以划分明确的界限。静态施力较容易引起疲劳，且难以避免，但可以通过设计来尽量减少静态施力的情况。减少静态施力要避免不合理的工作姿势或作业方法。例如，在使用钳子时，人的手腕扭曲，手和前臂不在一条直线上，造成身体姿势的不自然，易疲劳，通过人机工程学的改良后，将钳子手柄设计为曲线形，从而使手和前臂的中心线在一条直线上。此外，还应避免长时间的抬手作业。作业面高度对静态施力影响较大，工作面的高度应根据操作者的眼睛和观察时所需的距离设计，如造成抬手作业，应设计手臂支撑。

2．人体的肌力

一般来说，人们在三十岁以前肌力随年龄而增加，然后维持大约一致的最大肌力直到中年，老年时期的肌力会逐渐下降。性别的差异也会显著地影响最大静态肌力，女性的肌力比男性低 20%～30%。但是在 12 至 14 岁以前，少年男女的肌力并无明显的差异。成年男性之肌力大于成年女性，这可能与性荷尔蒙有关。另一个造成性别肌力差异的因素是体脂肪。一般成年女性的体脂肪百分比约为男性的二倍，如考虑每公斤体重之肌力时，男性还是优于女性的。但若考虑每公斤净体重的肌力时男女之差异则很小。右利者右手肌力比左手约高 10%，左利者左手肌力比右手约高 6%～7%。

人体肌肉纤维分为慢缩肌和快缩肌二种。快缩肌会产生较大的爆发力。拥有较多比例快缩肌纤维的人，会有比较大的肌力。研究指出：举重选手的快缩肌纤维数目比非举重选手多出二倍。至于肌纤维之体积大小，会受到训练及遗传的影响，也是影响人们肌力大小的重要因素之一。

工作的操纵力主要是臂力、握力、指力、腿力或脚力，有时也用到腰力、背力等。在操作活动中，肢体所能发挥的力量大小除了取决于人体肌肉的生理特征外，操纵力还与施力的人体部位、施力方向和指向（转向）、施力时人的体位姿势、施力的位置、施力时对速度、频率、耐久性、准确性的要求等多种因素有关。施力时手腕的姿势也会显著地影响人的最大握力，手腕偏离正中姿势会减少最大握力，而且手腕屈曲比伸展减少的幅度更大。

1）坐姿手臂操作力

经研究发现，在坐姿下，手臂在前后方向和左右方向时，都是向着身体方向的操纵力大于背离身体方向的操纵力；上下方向时，向下的操纵力一般大于向上的操纵力。

2）立姿手臂操作力

在直立姿势下弯臂时，在上臂与前臂间夹角为 70°处可达最大值，即产生相当于体重的力量。这也是许多操纵机构，如方向盘置于人体正前上方的原因。

3）握力

男子优势手的握力约为自身体重的47%～58%，女子约为自身体重的40%～48%。所有肌力均随施力持续时间加长而逐渐减小。

4）坐姿脚蹬力

坐在有靠背的座椅上时，由于靠背的支撑，可发挥较大的脚蹬力。经研究发现，当小腿与铅垂线约成 70°是最适宜的脚蹬方向，此时大小腿夹角在 140°～150°之间。脚蹬力也与体位有关，蹬力的大小与下肢离开人体中心对称线向外偏转的角度大小有关，下肢向外偏转 10°时的蹬力最大。

三、反应时和运动时

操作者接收系统的信息并经中枢加工后，便依据加工的结果对系统做出反应。对于常见的人机系统，人的信息输出有语言输出、运动输出等多种形式。随着智能型人机系统的研究，人将可能会更多地通过语言输出控制更复杂的人机系统。但信息输出最重要方式还是运动输出。人机系统中各种操作的时间包括反应时和运动时两部分组成。可用 "$R_T=t_z+t_d$" 式表示，R_T 表示反应时运动时的总时间，t_z 表示反应时，t_d 表示运动时。

1．反应时

反应时，又称反应潜伏期，指刺激和反应的时间间距。影响因素包括：反应类型、刺激类型、刺激强度、刺激对比度与人的主体因素。

根据对刺激—反应要求的差异，通常分为简单反应时间、辨别反应时间和选择反应时间。若呈现的刺激只有一个，只要求人在刺激出现时做出特定反应，其时间间隔称为简单反应时间。若呈现的刺激多于一个，并要求人对不同刺激做出不同反应，即刺激—反应时间有一一对应关系，其时间间隔称为选择反应时间。如果呈现的刺激多于一个，但要求人只对某种刺激做出预定反应，面对其余刺激不做反应，其时间间隔称为辨别反应时间。三种反应时中，简单反应时最短，辨别反应时次之，选择反应时最长。

各种感觉器官的简单反应时间各不相同，其中以触觉和听觉的反应时间最短，其次是视觉。所以经常采用听觉作为报警信号，而常用信号多以视觉刺激为主。同一感觉器官接受的刺激不同，其反应时间也不同。例如，味觉对咸的刺激反应时间最短，甜、酸次之，对苦的刺激反应时间最长。另外，相同的感觉器官，刺激部位不同，反应时间也会不同，其中以触觉的反应时间随部位的变化最明显。

由人的感觉特征可知，刺激强度必须达到一定的物理量（即感觉阈值）才能使感觉器官形成感觉。但是，当各种刺激的强度在等于或略大于人对该刺激的感觉阈值时，其反应时间较长，当刺激强度明显增加时，反应时间便缩短了，但其减少的量却越来越少。

刺激信号与背景的对比程度也是影响反应时间的一种因素，信号越清晰越易辨认，则反应时间越短。

人的主体因素主要指习俗、个体差异、疲劳等。练习可提高人的反应速度、准确度和耐久力。个体差异如智力、素质、个性、年龄、性别、健康等多方面差异，在反应时间方面也有所不同。机体疲劳后会使注意力、肌肉工作能力、动作准确性和协调性降低，反应时间变长。

2．运动时

运动时指从人的外部反应运动开始到运动完成的时间间隔。运动时因人体运动部位、运动形式、运动距离、阻力、准确度、难度等而不同，影响因素很多。因此各种操作运动的时间不属于人体功能基础数据，而归属于操纵设计中肢体运动输出数据的范围。

四、肢体的运动输出特性

1．运动速率与频率

运动速率可用完成运动的时间表示，而人的运动时间与运动特点、目标距离、运动方向、运动轨迹特征、负荷重量等因素有密切关系。

1）人体运动部位、运动形式与运动速度

人体各部位动作一次的最少平均时间各不同，如手的直线抓取最少平均时间为70ms、曲线抓取需220ms。

2）运动方向、运动距离与运动速度

右手利者从左下至右上的定位运动时间最短，运动距离对运动速度也有影响。

3）运动负荷与运动速度

运动速度与负荷重量成反比。

4）运动轨迹与运动速度

连续改变和突然改变的曲线式运动，前者速度快，后者速度慢；水平运动比垂直运动速度快，一直向前的运动速度，比旋转时的运动速度快 1.5~2 倍左右；圆形轨迹的运动比直线轨迹运动灵活；顺时针运动比逆时针运动灵活；手向着身体的运动比离开身体的运动灵活；向前后的往复运动比向左右的往复运动快。

5）运动频率

人体不同部位、不同操作方式能够达到的最高频率并不相同。如手拍打最高频率为每秒 9.5 次，食指、中指、无名指、小指的敲击最高频率分别为每秒 4.7、4.6、4.1、3.7 次。

2. 运动准确性及其影响因素

操作运动准确性包括①运动方向的准确性；②运动量（操纵量），如运动距离、旋转角度的准确性；③操作运动速度的准确性；④操纵力的准确性。

运动准确性受到运动速度、运动方向、操作方式、运动量等因素的影响。

运动速度应合理，不快亦不慢，要保证效率的话，要找到运动速度的最佳工作点。过分强调速度而降低准确性或过分强调准确性而降低速度都是不利的。

在操作面上往合理的方向上运动，垂直面进行上下运动，水平面进行左右运动，准确性较高（见图 2-25）。

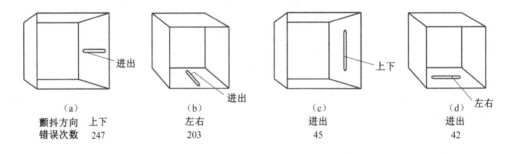

	（a）	（b）	（c）	（d）
颤抖方向	上下	左右	进出	左右
错误次数	247	203	45	42

图 2-25　手臂运动方向对连续控制运动准确性的影响

根据产品操作面，选用合理的产品形态，采用方便的操作方式，如图 2-26 所示左边的门把手设计就比右边的门把手操作更准确，也不易损坏。

同时，产品尺寸也会影响操纵准确性。费茨定律（Fitts' Law）指出，从一个起始位置移动到一个最终目标所需的时间由两个参数来决定——到目标的距离和目标的大小（见图 2-27 中的 D 与 W），用数学公式表达为时间 $T = a + b \log_2 (D/W+1)$。

由此，在汽车踏板设计中，将刹车踏板横向增大，发生紧急情况时可从油门迅速准确地踩到刹车上。屏幕的边和角很适合放置像菜单栏和按钮这样的元素，是因为边角是巨大的目标，它们无限高或无限宽，不可能用鼠标超过它们。即不管移动了多远，鼠标最终会停在屏幕的边缘，并定位到按钮或菜单的上面。

图 2-26　不同控制操作方式对准确性影响

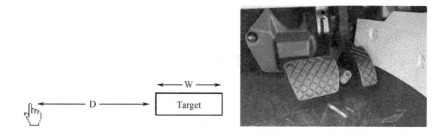

图 2-27　费茨定律与汽车踏板设计

第三章

人的心理特性

第一节　人的信息加工过程

人的感觉系统是人与世界的桥梁，感觉器官把这些信息传递给大脑，而人的运动系统使人能够完成动作并从事生产活动，是人类改造世界的实施手段。人的感觉系统也称为输入系统，而运动系统称为输出系统。但是，信息进入人的大脑后，如何进行处理和加工呢？本章从研究大脑机能的角度进行人的信息加工过程的研究，采用"信息加工"的观点，把人的认知过程看做对信息的处理机能的过程。

一、人的信息加工过程模型

人的信息加工模型是用以表示人的认知过程的模型。外界信息输入到人的大脑，经人脑分析后再输出，通常需要经过感觉、知觉、记忆、决策、反应选择和运动反应等环节。许多研究者提出不同的模型对人的信息加工过程模型加以表述，如图 3-1 与图 3-2 中所示的 Broadbent 模型、Wickens 模型。人脑像计算机一样可以通过把仅有的几种操作作用于符号，加工的信息仍以符号形式贮存，加工的结构和过程可以直观地表示成流程图（flow chart）或称为"箭框模型"（boxes-and-arrows models）。人脑是一个信息加工系统，它可以对表征信息的物理符号进行输入、编码、贮存、提取、复制和传递，而这一过程的完成是系列性的，不同的加工任务和加工阶段由不同的认知结构来完成，这些相对独立的认知结构既前后连接，又具有等级差异，是类似于人工智能机的人脑内部的"机器"。

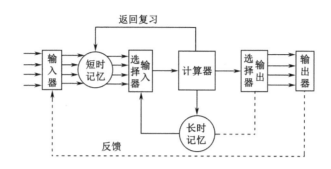

图 3-1 Broadbent 提出的人的信息加工过程模型

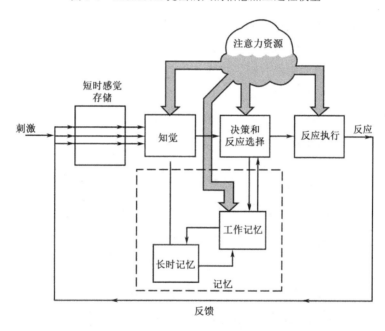

图 3-2 Wickens 提出的人的信息加工过程模型

Wickens 模型描述了人的信息加工的各个基本过程及其相互关系。首先,感觉登记是人接收信息的第一步,当感觉登记中的神经兴奋达到一定强度,信息会传向神经中枢直至大脑,引起人的知觉。知觉是当前输入信息与记忆中的信息进行综合加工的结果。信息经知觉加工后,有的存入记忆,有的进入思维加工。思维过程是更复杂的信息加工过程,有很多决策的过程,而将决策付诸行动的过程就是信息的输出,表现为各种运动。若人的运动与预期达到的目的有所偏离,偏离的信息通过反馈回路输入大脑,经中枢加工后做出修正运动的决策,并将决策信息输向运动器官,形成一个认知过程的闭环。而 Broadbent 提出的人的信息加工过程模型具有异曲同工的含义。

二、人的信息输入与传递

1．人的信息输入能力

人体的各种感觉器官都有各自最敏感的刺激形式，这种刺激形式称为相应感觉器官的适宜刺激。比如，视觉和听觉分别对一定波长的电磁波和机械波很敏感。人对刺激物的感觉能力是感受性，用于测量感觉系统感受性大小的指标被称为感觉阈限。感觉阈限与感受性的大小成反比。

能被人的感觉器官所感受的最小刺激量为绝对感觉阈限。很多时候，人能够察觉到不同刺激强度间的差异，刚刚能引起差别感觉的刺激之间的最小差别量为差别感觉阈限。感觉的差别阈限会随刺激量的变化而变化，呈现一定的规律性，又称"韦伯定律"，这个比例常数一般为 0.03 左右。在界面设计中，差别阈限能让用户注意到层级间的差别和变化，如界面中的尺寸、字重的差别，能让用户潜意识中识别到信息的重要性顺序。而差别阈限的值可以根据不同应用界面的定位与风格来调整其节奏。差别阈限大、层次少的界面对比强烈，给人以狂放、激烈之感，差别阈限小、层次多的界面则给人以丰富细腻之感（见图 3-3）。

（a）差别阈限大、层次少　　（b）差别阈限小、层次多

图 3-3　差别阈限与人的感受性

人的信息输入能力也受到环境的影响。用户在使用产品时的光照、噪声、温度、湿度等都可能影响用户的信息输入能力。迅速发展的智能设备，可以在任何时间任何地点以任何姿势使用。从这个角度来看，设计师在设计产品时，需要基于用户使用的情景来提供恰当的信息，减少环境对用户使用产品的影响。

2. 人的信息传递能力

人的信息传递能力受到信道容量、信息编码方式、人的疲劳程度等因素的影响。

在人的信息传递过程中，信道容量是信道的一个参数，反映了信道在单位时间（通常为"秒"）内所能传输的最大信息量。针对一维的要素而言，人的信道容量大约有7bit左右，对于不同的刺激，人的信道容量也有所不同。在生活中，人所感受到的信息是多维的，色彩、声音远不止 7bit 的信息量。通过研究发现，人所接受的信息大大超过了人中枢神经的信道容量，大量的信息在传递过程中被过滤掉了。

信息编码是对原始信息按一定的规则进行变换，信息编码方式不同，信息的传递能力也有所不同。以下棋为例，对于围棋大师来说，一盘棋的信息量远小于围棋新手，因而围棋大师的信息传递能力远大于新手。此外，人处于疲劳状态时，由于传递速度的变慢，信息传递的能力也受到影响。

第二节　感觉、知觉与注意

一、感觉与知觉

感觉是人脑对外界事物某种属性的反映，如颜色、软硬、形状、大小、声音、气味等都是事物的"某种属性"。知觉是客观事物直接作用于感官而在头脑中产生的对事物整体的认识。换言之，知觉是直接作用于感觉器官的客观物体在人脑中的反映。知觉是各种感觉的结合，它来自感觉，但不同于感觉，知觉的信息加工过程更加复杂。感觉反映了客观事物的个别属性，知觉则是对客观事物整体的认识，是一种对事物进行解释的过程。

知觉受感觉系统、生理因素的影响，而且受个人的知识经验、兴趣、需要、动机、情绪等心理因素的影响。同一物体，不同的人对它的感觉是类似的，但对它的知觉就会有差别，知识经验越丰富，对物体的知觉就越完善，越全面。显微镜下边的血样，无医学知识储备的人只能看到红色，但医生还能看出红血球、白血球和血小板。

知觉与感觉既有区别，也有联系。现实生活中，当人们形成对某一事物的知觉时，各种感觉就已经结合到了一起，甚至只要有一种感觉信息出现，就能引起对物体整体形象的反映。例如，看到一个物体的视觉包含了对这一物体的距离、方位，乃至对这一物体其他外部特征的认识。知觉具有整体性、选择性、理解性、恒常性。

（1）整体性：在知觉时，把由许多部分或多种属性组成的对象看作具有一定结构的统一整体的特性。格式塔心理学（Gestalt Psychology）研究人们看事物时人脑处理信息的心理习惯和反应规律。它的完形法则是相近、相似、封闭、简单的图形各部分趋于组成整体。

（2）选择性：在知觉时，把某些对象从背景中优先区分出来，并予以清晰反映的特性。影响选择性的因素包括对象与背景的差别、对象的运动、人的主观因素。

（3）理解性：在知觉时，用以往所获得的知识经验来理解当前的知觉对象的特征。影响因素包括人的知识经验、环境、情绪状态。

（4）恒常性：知觉的条件在一定范围内发生变化，而知觉的印象却保持相对不变的特性。大小、形状、明度、颜色具有恒常性。

二、知觉的信息加工

知觉的信息加工可分为整体加工和局部加工、自下而上的加工和自上而下的加工。

1. 整体加工和局部加工

知觉是对事物整体属性的反映。对于一个客体，人是先知觉它的各个部分再知觉整体，还是先知觉整体再知觉它的各个部分，这一直是知觉信息加工理论所关心的一个重要问题。格式塔理论强调，在知觉过程中，整体大于部分之和，知觉是对刺激的整个模式的知觉。换言之，对整体的知觉在前，对部分的知觉在后。Navon 通过研究发现，总体特征的知觉快于局部特征的知觉，而且当被试者有意识地去注意总体特征时，知觉加工不受局部特征的影响，但当被试者注意局部特征时，不得不先知觉总体特征。如图 3-4 所示，在实验过程中，要求被试者识别大字母和小字母，实验发现，识别大的字母时，知觉时间并不受小字母与大字母是否相同的影响；识别小的字母时，如大小字母相同则比大小字母不同所需的识别时间少很多。这意味着总体特征先于局部特征被知觉，知觉从整体开始，然后才转向部分。

根据格式塔心理学，当对象离得太近的时候，意识会认为它们是相关的。在交互设计中表现为一个提交按钮会紧挨着一个文本框，因此当相互靠近的功能块是不相关的话，就说明交互设计可能是有问题的。在界面设计时，信息层级的视觉表现越接近格式塔心理模式，用户解读时就越准确，获取信息的速度和效率就越高。在界面设计中将相同层级统一字号，使用户潜意识中就能轻松阅读。

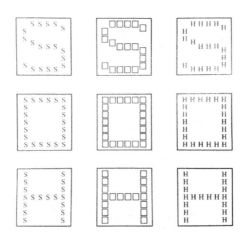

图 3-4　Navon 实验中所用的整体与部分关系的材料

2. 自下而上的加工和自上而下的加工

认知心理学认为，知觉是确定人们所接受到的刺激物的意义的过程，包含自下而上的加工与自上而下的加工。

自上而下的加工又称概念驱动加工，指知觉者的习得的经验、期望、动机，引导着知觉者在知觉过程中的信息选择、整合、表征的建构，即信息加工是由人的知识和记忆来引导的。如图 3-5 所示，根据已有的知识对字母 G 进行加工。

A B C D E F · H I J K L M

图 3-5　字母 G 的概念驱动加工

自下而上的加工又称数据驱动加工，指的是知觉者将环境中一个个细小的感觉信息以各种方式加以组合便形成了知觉。例如，当听到电台播放的一些音符，把它们综合在一起，就能知道是哪首歌。

一般认为，人的知觉过程是自上而下的加工与自下而上的加工相互作用的结果。人的知觉加工进行多次后，会以编码的形式形成相应的记忆构型，称为模板。人在知觉某一事物时，会将接受的刺激和记忆中的模板进行匹配，如自下而上的加工。但由于人的记忆中不可能存在如此多的模板来适应不同的环境，就需要自上而下的加工。事实上，模板中不能一一包含每次匹配时的具体细节，而是相关的、稳定的特征和特征关系。因此，知觉过程需要记忆的参与，并具有形象概括的特征。

三、注意

注意是一个重要的心理特性，是对意识或精神的控制。注意的机能作用可以比作过滤器的工作，它实现信息选择，并以此防止信息传送通道因有限的通过能力而超载。

澳大利亚心理学家 John Sweller 于 1988 年提出的认知负荷理论认为：人的认知资源是有限的，任何活动都需要耗费一定的认知资源。若活动所消耗资源总量超过个体拥有的总量，认知资源无法满足个体的需要，则会影响问题解决的效率。Kahneman 的能量分配模型[9]体现了认识主体的神经系统高级中枢的加工能力是有限的，同时也是有选择性的（见图 3-6）。

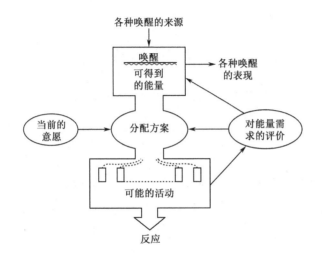

图 3-6 Kahneman 的能量分配模型

1. 注意的有限性

资源分配方案主要受可得到的能量影响，体现了注意的有限性。人可得到的能量是有限的，每次注意所持续的时间是有限的，注意对象的数目也是有限的。注意力的容量较低且具有易失性，认知心理学家 George Miller 于 1956 年提出 "神奇的数字 7（±2）" 这一理论也体现了注意力（即工作记忆）的低容量。因此，我们对信息的加工处理一般是只能一个个按顺序进行。例如，我们可以同时看报、听收音机，但无法两者都记住，但只要不超过可得到的能量，认识主体就可能同时接收两个或多个输入（活动），否则就会发生相互干扰。如果这些刺激已包含在记忆集中，即认识主体比较熟悉该刺激，那么反应该刺激所需能量就会比较少，就可能利用其余的能量做多通道的比较加工。也就是说，当同时进行的 N 种活动中有（N-1）种熟练的、自动地完成

[9] Kahneman D. Attention and effort [M]. New Jersey: Prentice Hall Inc, 1973.

的动作时，人可以并行处理这些活动。例如，熟练的司机可以一边抽烟，一边哼歌，一边开车。尽管如此，人的注意力仍是有限的，像计算机一样，资源分配主要通过对重要事件安排中断来进行控制。当人疲劳时，人可唤醒得到的能量减少，就可能无法注意到刺激。

2．注意的选择性

资源分配方案同时受当时的意愿和对完成任务所需能量的评价的影响，所实现的分配方案体现出认识主体对客体刺激的选择性。这意味着当刺激是人所感兴趣的、满足人的需要的事件、较困难的任务，都能引起较长的注意。我们会关注和当前目标有关的物体和事件，除此之外，我们的注意力通常还会被移动的东西、威胁、人脸、食物等所吸引，全身心地投入其中，从而忽略了环境中其他东西的存在。在外界的干扰中，人可以过滤出那些需要选择或跟踪的信息，如在乱哄哄的说话声中，有选择性地只注意听某一个人的讲话，不会注意那些没有意识到的东西。这表明，每次提供过多的信息是没有用处的。

在网页设计中，设计师熟知不要在一个页面之内放置多个相互竞争、夺取用户注意力的"行动召唤"元素。每个页面只放置一个占主导地位的"行动召唤"元素，或针对每个可能的用户目标放置一个，这样才不会超出用户的注意能力，把用户引导至完成用户目标的道路上。一个相关的准则是：只要用户明确了自己的目标，就不要显示一些会分散用户注意力、无关的链接和行动召唤元素，应该利用被称为"流程漏斗"的设计准则引导用户完成任务。又如，在智能手机不同的使用情景中，用户有不同的姿态与持机方式，不仅会影响到用户的操作，也会影响到用户的注意力分配。快递员、外卖送单人员的 App 设计，就要考虑到用户在骑电瓶车时使用的情境，关注应用本身的注意力就会减少。因此要给用户提供更简单的内容、更大字号的易于加工的信息内容，帮助用户减少注意力的负担。在产品使用过程中，人们不可能时刻注意屏幕或产品，通过声音可以释放他们的注意力。例如，在 iPhone 上发完短信的那一声"吼"中，能让用户及时释放注意力。

第三节 记 忆

人的知觉过程需要记忆参与，人的思维与决策过程也离不开记忆。信息加工理论认为，记忆过程是对输入信息的编码、存储和提取过程。人的记忆主要表现在信息储存和信息提取两个方面。按保存时间来分，记忆分为感觉记忆、短时记忆和长时记忆。

一、感觉记忆

感觉记忆又叫瞬时记忆，当引起感觉知觉的刺激物不再继续呈现时，刺激信息在感觉通道内短暂保留，作用时间短，约若干毫秒或若干秒的时长。视感觉记忆约为0.25～1秒，听感觉记忆虽可超过1秒，但也不长于4秒。进入感觉记忆的信息以感觉痕迹的形式被登记下来，具有鲜明的形象性，信息完全依据它所具有的物理特性编码。例如，视觉以图像形式、声音以声码的方式进行编码。感觉记忆痕迹很容易衰退，只有受到注意的材料，才会进入短时记忆，否则就会很快消失。

二、短时记忆

短时记忆又称工作记忆，是一种认知资源集中于一小部分心理表征的内在机制，在无复述的情况下短时记忆的保持时间只有5～20秒，最长也不超过1分钟。心理学家也认为短时记忆包括执行功能，它操纵着我们注意的对象。当前关于记忆的观点将记忆比作一个巨大的黑暗的仓库，杂乱的堆放着长期记忆，墙上的门如同我们的感觉器官，门会暂时打开让感知信息进入，仓库的天花板上固定有数个探照灯，由注意机制的执行功能所控制。探照灯来回摇动，照亮记忆堆上的某个物体。这些数量不多、固定的探照灯代表短时记忆的有限能力，被照亮的物体代表短时记忆的内容，是我们在特定时刻关注的少量事物，可能是仓库中的任何东西。这个比喻说明了一点，短时记忆是若干注意的焦点组合，能力也非常有限，而且任意给定时刻的内容非常不稳定。[10]

1. 短时记忆的组块

短时记忆的容量是有限的。美国心理学家 Miller 对短时记忆容量的研究表明，保持在短时记忆的刺激项目大约为7个，人的短时记忆广度为7±2个组块。组块是将若干小单位联合成较大的单位的信息加工，能够有效扩大短时记忆的容量。例如，要记忆办公室的电话号码，将一串数字分为局号、总机号、分机号三组来记忆，则更容易减轻记忆负担。组块的大小因人的知识经验等的不同而有所不同。组块可以是一个字、一个词或一个短语等。在设计过程中，用户记忆的信息量应尽量避免过多组块，尽量提供有意义或用户熟悉的信息。

2. 短时记忆的编码

短时记忆的编码有听觉编码、视觉编码和语义编码。短时记忆的编码方式和材料的性质与特点有关。短时记忆的保存时间有限，受时间推移和其他材料的干扰，短时

---

[10] Jeff Johnson. 认知与设计理解 UI 设计准则[M]. 张一宁, 王军锋译. 北京: 人民邮电出版社, 2014.

记忆会逐步丧失。Peterson 等人通过研究发现，短时记忆会随时间间隔的增加而丧失。此外，由于短时记忆容量有限，如果后面的材料不断增加，短时记忆会受到干扰而丧失。在很多情况下，短时记忆的丧失受到时间推移与其他材料干扰的共同影响。通过复述可将保持在短时记忆中的信息向长时记忆转移。

短时记忆的容量和不稳定性对用户界面设计有很多影响。用户界面应帮助用户从一个时刻到下一时刻记住核心的信息。用户的注意力专注于主要目标和朝向目标的进度，所以不要要求用户记住系统状态或者已经做了什么。例如，当人们在计算机上使用搜索功能时，输入搜索词，开始搜索并查看结果。评估结果通常要知道对应的搜索词是什么。当结果出现时，人们的注意力自然从输入的词转移到结果上，因此人们查看搜索结果时经常会忘记用的搜索词是什么。Baidu.com 的搜索结果页面提供了搜索输入框并显示用户之前的搜索词，从而减少了对用户短时记忆的压力（见图 3-7）。

图 3-7　Baidu.com 的搜索结果显示搜索词

三、长时记忆

长时记忆指信息经过充分的和有一定深度的加工后，在头脑中长时间保留下来的记忆。长时记忆能保持几分钟、几小时、几天、多年甚至终身。

1. 长时记忆的种类

长时记忆的容量一般认为是无限的，很多学者提出存在更多相对独立的长时记忆系统，其中 Tulving 提出了情景记忆和语义记忆的区别。Tulving 认为情景记忆中存储着个人亲身经历的、发生在一定时间和地点的事件（情景）的记忆。情景记忆所接收和保持的信息总是与某个特定的时间和地点有关，并以个人的经历为参照，容易受到其他因素的干扰而发生变化。而语义记忆是通过语言对语词、概念、公式和规律等的记忆，语义记忆的组织是抽象的和概括的，以意义为参照，较少受到干扰。

2. 长时记忆的编码

长时记忆的编码与短时记忆不同。语义记忆通过语义编码,是一种抽象的意义表征,具有命题形式,主要表现在以字、词的形式存储。例如,"鸟"是"动物",具有"翅膀"、"会飞"等特征。与语义编码相对的是表象编码,以视觉、听觉、嗅觉、触觉等心理图像或映象形式对事物的意义编码。例如,在回忆昨天与朋友在公园散步的场景时,这些记忆就会以视觉或听觉的表象编码形式出现。语义编码和表象编码通常相联系,当你在记忆朋友时,朋友的表象通常也会出现在你的脑海里。

3. 长时记忆的提取

长时记忆信息的提取有两种形式:回忆和再认。这两种形式提取信息都需要运用一定的策略,即依靠一定的线索和选择一定的中介。在这方面有两种看法:一种是搜寻理论,认为信息的提取是根据信息的意义、系统等来搜寻记忆痕迹,使痕迹活跃起来,回忆出有关的项目;另一种是重建理论,认为记忆是一种主动的过程,存储起来的不是成熟的记忆,而是一些元素或成分,回忆就是把过去认知成分汇集成完整的事物。人们认为这两种理论并不矛盾,适合于不同的编码方式。搜寻理论可能适合于表象记忆,重建理论则适合于言语记忆。

4. 遗忘

识记的信息不能提取或错误地提取称为遗忘。关于遗忘的原因有痕迹消退理论、干扰理论、线索依赖理论、压抑(动机)说等。痕迹消退理论认为随着时间的推移导致记忆痕迹的消退,如图3-8中艾宾浩斯遗忘曲线便描述了人类大脑对新事物遗忘的规律。而干扰理论认为遗忘是受到其他记忆的干扰,以前学习过的内容干扰了之后学习的内容,称为前摄抑制,反之则是倒摄抑制。线索依赖理论则认为遗忘之所以发生,不是因为存储在长时记忆中的信息消失了,而是失去了提取信息的线索或线索错误。

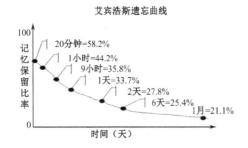

时间间隔	记忆量
刚刚记忆完毕	100%
20分钟之后	58.2%
1小时之后	44.2%
8~9个小时后	35.8%
1天后	33.7%
2天后	27.8%
6天后	25.4%
一个月后	21.1%

图 3-8 艾宾浩斯遗忘曲线

由此可知,人们需要工具去加强长时记忆,如记事本、购物单等。用户界面的一致性有助于学习和长期保留,利于减轻用户长期记忆的压力。在设计中,为提醒用户其可能出现遗忘的事情，设计者可提供相应的线索。例如，自助取款机在交易完成后会语音提示用户取走卡片，这就是一种提醒。

在用户界面设计中，设计师应该避免造成长期记忆负担的系统。身份认证这一功能是许多软件系统附加在用户长期记忆上的一个负担。一些网站的注册页面，要求用户从菜单里选择一个或三个安全问题，这些可供选择的问题如"您小学班主任的名字？对您影响最大的人的名字？"等（见图 3-9）。但是如果你到时记不起这种问题的答案呢？并且这并不是唯一的记忆负担，一些问题还可能有多个答案。许多人在不止一个小学就读过，有很多心目中的英雄，为了注册，必须选择一个问题并记住所填写的答案。这种增加人们长期记忆负担的不合理要求反而对声称提供安全的计算机软件起到了反作用。一些网站的注册表单不仅提供了安全问题的选择，也允许用户创建一个自己可以轻松想起答案的问题，避免增加长期记忆负担。

图 3-9 增加长期记忆负担的验证保密问题

在新产品、新界面中，或者相对隐藏如手势操作的功能，需要给予用户适当的提示和引导，在用户刚好要使用时提供相应信息，减少用户的记忆压力。苹果的 Mac OS 提供了许多快捷操作方式及手势的交互形式，新手很难记住所有的手势，但并不影响他们使用 Mac 系统。因为系统提供了满足新手的交互解决方案。在操作中断时，能衔接用户的记忆，而不是让用户从头开始。

当人逐渐上了年纪，记忆能力会变差。老年人更喜欢"宽"而不是"深"的菜单系统。一个"宽"的菜单系统包含很多条目，每个包括了相对少的命令，而"深"的菜单结构就意味着包含了相对较多的命令。对老年人来说，使用更"宽"的菜单结构更合理一些，而不管可能引起的表述混乱。

四、学习—记忆心理学与思维导图

研究表明，在学习过程中，人脑主要记忆以下内容：①学习开始阶段的内容（首因效应）；②学习结束阶段的内容（近因效应）；③与已经存储起来的东西或模式发生了联系，或者与正在学习的知识的某些方面发生了联系的内容；④作为在某些方面非常突出或者独特的东西而被强调过的内容；⑤对五种感官之一特别有吸引力的内容；⑥本人特别感兴趣的内容。

思维导图与记忆力有一种特殊关系，同样也与古代的一种记忆技巧有联系。思维导图中的每一个分支都可以使一个"房间"里面储存着许多东西，我们的想象力和联想力被用来触发记忆。思维导图运用了所有的皮层技巧，全面激活了大脑，让大脑在记忆时更加灵敏、巧妙。思维导图通过颜色、形状、联系、结构、字体大小等分类组合方法，进行信息的整理。记忆的要素有想象力、颜色、形状、结构、联想及具体地点，而思维导图中提供了这些关键要素，并能查漏补缺，激发创意（见图3-10）。

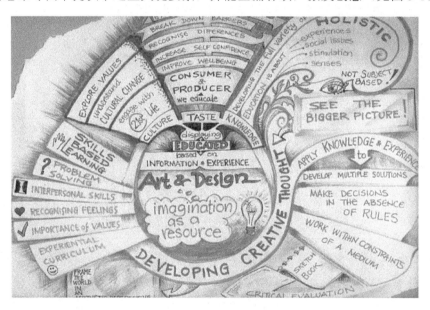

图 3-10　思维导图利于记忆与创新

第四节　思维与决策

一、思维

思维是认识过程的高级阶段，人通过思维活动认识事物的本质和规律。一般认为，人的思维与人的问题解决密切联系。针对问题解决的思维过程所采取的策略和方法，研究者们提出了不同的问题求解理论，如格式塔方法、通用问题解决法和类比问题解决法等。

格式塔方法认为人的思维分为产生式思维和再造式思维。产生式思维是对问题进行重新构建以产生新的方法来解决问题。例如，在缺乏相关知识的情况下，采用"试错"的方法来解决问题，通过不断尝试而进行思维，这是一种典型的产生式思维。而再造式思维依靠经验进行思维活动。格式塔方法认为过去的经验会对当前问题的解决产生影响，例如"功能固着"，人会根据过去的经验认为某一问题只有很少的几个功能或用途。这两种思维并不是截然分开的，"举一反三"的过程既有产生式思维，又有再造式思维。

通用问题解决法认为人在解决问题的过程中，通过某种方式，从一种状态转向另一种状态，分为"算数式"方法和"启发式"方法。河内塔问题的解决就采用了启发式方法的"手段—目的"分析，把解决问题的总目标分解为一层层的子目标——解决，以达到最终目标（见图3-11）。算数式方法则是对某个问题按照正确答案的既定程序的方法，如下棋。

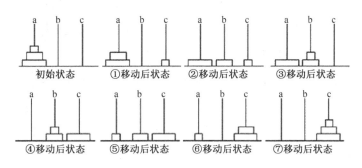

图 3-11 河内塔问题的解决

类比问题解决法试将当前问题与其他相关问题进行类比，是解决问题的常见办法。日常生活中的很多问题都可以通过类比法解决，关键是发现两类问题的类似之处。

二、决策

人的决策与思维紧密相连。决策，指决定的策略或办法。解决问题的过程也是不断做出决策的过程。决策有确定型决策、不确定型决策之分。确定型决策是指决策过程的结果完全由决策者所采取的行动决定，有确定的决策条件，也能确切地预测决策的结果。例如，距离适中的两个目的地，可乘车也可选择步行，步行耗时长但可利用这一路程锻炼身体，而乘车则节省时间。如何决策取决于决策者的需求，且能预测决策结果，这就是确定型决策。不确定型决策是指各种方案在未来将出现哪一种结果的概率不能预测，因而结果不确定。例如，在"有一半的机会获得十元钱"和"有百分之十的机会获得一张百元大钞"之间做出决策，决策者并不能确切地预测决策结果，这就是一种不确定的决策。

由于主体与客体等多种不确定因素的存在，在决策活动中往往存在风险，降低决策风险是人们所关注的问题。决策需要多个备选的要素，关于决策，最重要的是让决策合理化，实现最大价值。决策往往受到预期价值、事件概率及后果等方面的制约。相比收益，人们更在乎损失。例如，你与朋友打赌抛硬币：正面朝上，他给你 150 元；正面朝下，你给他 100 元。虽然赢面对你有利，但研究显示大部分人不愿意打这个赌。Kahneman 的研究（2011 年）指出，人们在遭受损失后感受到的痛苦与损失量并不成线性关系。比如，牧民损失 900 头牛与损失 1000 头牛，前者所带来的痛苦要比后者 90%的痛苦要多。措辞也能影响我们的选择。当医生告诉绝症病人"有一种生存率能达到 90%的治疗方法"和"有一种治疗方法死亡率为 10%"，这两种表达方式中治疗方法的有效程度是一样的，理性的人不会因医生的表述而改变决定，但一般人的判断并不如此。前一种说话方式是正向思维，患者心理会相对好一点。生动的想象和记忆也影响人们的决策，尤其是当人们能够想象出画面或轻松回忆出事件时，人们在决策中会倾向于对这样的事件增加更多的权重。

决策者的性格、生理状态、认知能力等也会影响人的决策，如处于疲惫、消极的状态下往往思维缓慢，在愤怒的情绪下容易依赖直觉做出鲁莽、草率的决策。同时，人的短时记忆有限，常会迫使人们采用将记忆负担减少到最小的策略，从而忽视重要变量的考察。

在了解人们决策判断的特点后，可以使用其来帮助实现设计师的目标。设计问题本身是具有综合性、开放性与不确定性的，设计的过程也是不断平衡和解决矛盾的过程。一方面，如今的设计活动已离不开设计师、管理者、用户及其他相关人员的共同参与，设计活动中的团队决策普遍而又关键，设计师应具备一定的引导技巧以促进决策团队做出有效决策。[11]另一方面，在产品设计、人机交互中，哪些因素由人决策，哪些因素由机器决策，是需要设计时考虑的问题。例如，许多软件应用和商业网站通过将商品并排展示来比较价格、功能和可靠性等，通过产品评级和评价来反映用户满意度，以帮助人们选择购买哪些物品。Nikon 的官网在相机展示页面可选择产品进行对比，通过参数比较协助用户决策（见图 3-12）。

---

[11] 陈梅, 肖狄虎. 设计师在设计决策中的引导策略[J]. 艺术与设计（理论）, 2013（03）:29-31.

图 3-12　Nikon 官网通过参数比较协助用户决策

　　此外，交互系统如何展示信息也十分重要。如果设计者要影响或引导用户产生某个具体的反应，如购买一件产品、订阅某个服务等，他们可以利用人们无意识的、习惯性的、情绪化思维的特点达到目的（见图 3-13）。例如，用强烈的故事来设计宣传，从而唤起恐惧、希望、满足、享受、金钱、名声等，直击人的无意识思维。在软件和网站中，如果企图说服和引导用户，也可以这么做，这就是"引导系统"。如果一个慈善救济组织网站要引导网站访客捐款，从而能够向全世界的家庭提供粮食援助，网站的各方面如照片、标志、文字描述等都是为了达到引导人们去捐款的目的（见图 3-14）。

图 3-13　成功的广告能够唤起人们的情绪

图 3-14　FMSC 网站目标清晰，引导网站访客向该组织捐款

第五节　反应执行与反馈

一、反应执行

人通过知觉获得并通过认知转换而增大对情境的理解，经过思维决策后反应执行。驾驶人在查询地图后做出在什么地方出口的决定时，需要大量的认知活动。但是当他察觉到前方停放的汽车后把车子突然转向左边，以及听到警报声后又把车子转向后边时，这些反应中是很少或不包含认知的。选择一个反应或者选择一个行动时与执行反应或行动截然不同，后者为了控制运动要对肌肉进行协调，以保证正确地获得选定的目标。例如，驾驶人正确选择了将车突然转向右侧，以避开对面的车子，但他改正过了头，车子失去了控制。

1. Rasmussen 行为三层次认知控制模型

Rasmussen 于 1983 年提出了技巧—规则—知识的认知控制模型（Skill-Rule-Knowledge Cognitive Frame，SRK），[12]如图 3-15 所示，该模型认为人的信息输出形式应用了以下三个层次的认知控制行为。

---

[12] Jens Rasmussen. Skill, Rules, and Knowledge: Signals, Signs, and Symbols and Other Distinctions in Human Performance Models[J]. IEEE Transitions on Systems, Man, and Cybernetics, 1983, 13（3）: 256-266.

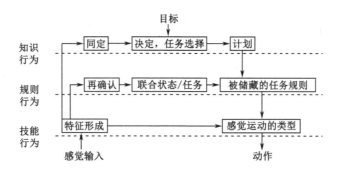

图 3-15　人行为三层次认知控制模型

1）基于技巧的行为层次（Skill-Based Behaviour，SBB）

该行为层次对熟练的、熟悉的事情，往往只凭直觉、经验，不加思考，而做出反射性的动作，如开车时遇到红灯踩刹车的行为。SBB 从认知到控制动作的执行间所经步骤最少，处理速度也就最快。

2）基于规则的行为层次（Rule-Based Behaviour，RBB）

该行为层次在感受到外界信息后经确认，并联合当时的状态、任务，考虑采用什么规则合适，再构筑所需的行为系列，最后加以实行。该行为层次将行为分解成多个步骤，并由规则自觉地控制，一步步执行，如解释行为。RBB 处理速度处于 SBB 和 KBB 之间。

3）基于知识的行为层次（Knowledge-Based Behaviour，KBB）

这是最复杂的层次，从对外部状况的认知和解释出发，进行判断和决策，对照规则要求后再移到基于技能的行为中去实行。这一层次的行为通常发生在操作者对任务不熟悉或非正常的情况下，操作者会根据原有的规则创造新的规则。KBB 考虑步骤最多，处理速度也就最慢。

2．反应失误

人不是机器，其行为产生受各种因素制约，如受硬件的失效、虚假的显示信号和操作人员情绪、体能、偏见等左右而易引起出错。Reason 以关系分类法的观点，在 Rasmussem 的 SRK 模型基础上，将所有的失误分为：疏忽（slip）、过失（lapse）和错误（mistake）。疏忽和过失是执行已形成意向计划过程中的失误，通常表现为错误地发挥了所具备的功能，常常发生在技能型动作的执行过程中，主要是因为人丧失注意力或由于作业环境的高度自动化所导致。错误是建立在意向计划中的失误，往往比较隐蔽，短时间内较难被发现和恢复。

界面设计的主要目标是优化人与产品或界面之间的信息交互，这就要求我们必须充分考虑用户的需求，满足用户的期望，并增强和扩充交互能力。用户，具有人类的共同特性，又是与产品使用特征密切相关的特殊群体。按照对产品知识的了解程度和使用经验的不同，可分为新手用户、普通用户和专业用户，他们容易出现失误的问题点也不尽相同。

1）新手用户

对于第一次使用产品的新用户来说，无论是否具有专业背景知识，在学习使用中都会遇到各种麻烦。他们有许多担心和想象，害怕倘若出错会破坏机器，却又想尝试各种操作，还往往以为机器无所不能。他们通过界面上的形态符号来猜想，或通过试错来尝试，或通过产品使用说明书来理解产品如何操作使用。新手用户对于界面上的大多数内容都不熟悉，主要通过使用说明和原有知识来学习掌握界面上的大部分知识，其所有任务的执行都是基于知识的层次（KBB）。如果作业人员对知识掌握得不够或对问题考虑得不够深入，可能会采取错误的措施。另外，若产品形态语义模糊、缺失、矛盾或错误，造成用户认知的困难和失误，也会使用户错误操作。

2）普通用户

那些能独立完成一个操作任务但并不熟练，如不长期操作可能会忘记所学的用户，称为普通用户。对于他们来说，对机器已经有一定的了解，能激活一般的知识和规则来解决问题，很多行为已经发展到基于规则的层次（RBB）。他们往往只会正常操作，对某些知识和规则有所遗漏，对有些非正常操作及软硬件的升级换代则有些困难。在他们不熟练掌握的知识、规则面前，就有可能由于时间短、认识过程差等原因造成对规则的理解不够而产生失误，或者他们由于遗忘了一些操作知识和规则，盲目进行尝试，也会引起错误操作，或者产品的升级换代给他们带来一定的认知麻烦。

3）专业用户

专业用户能熟练使用该产品，积累了众多解决具体问题的经验和方法，具有特殊的、实用的、成套的操作方式。对于熟练操作的专业用户来说，他们已经对任务和界面的概念十分熟悉，他们的很多操作行为，已经处于基于技巧的层次（SBB），速度非常迅捷。他们要求系统反应迅速并提供简单而不使人困惑的反馈信息，渴望系统拥有便利的工具。对于专业用户来说，由于他们对自己的专业知识非常自信，往往只对外界信息做习惯性反应，在疲劳或环境影响等丧失（或分散）注意力的情况下，可能引起疏忽和过失，导致操作失败或引起事故，或者当产品升级换代时改变内容太多，也可能给他们带来一定的认知困难。

3．预防失误与减少危害

在设计时，需要避免用户的误操作，减少事故引起的危害，比如花园除草机剪草部分一般由尼龙线做成，这种材料的属性意味着它能有效剪草，但不会割伤皮肤。有些需要采用强迫性功能设计。强迫性功能是利用各种方法来减少用户使用物品的操作可能性，或者当用户的操作或使用不正确时，用户就不能进行下一步的动作。比如微波炉和电视机都具有连锁装置，使操作必须按照一定的顺序进行，防止人们在未切断电源之前，打开微波炉的炉门或电视机的后盖。计算机上若设有内锁装置，电源开关设计成"软"开关，只有所有完备确定后才切断电源。美国《火灾法》规定，在通往地下室的楼梯口要装一个横杆，实际上类似于一个外锁装置，可以阻止人们进入某个危险的地方或是防止某件事情的发生。

二、反馈

信息加工模型底下的反馈回路表明人的行动能被自己直接感受到。或者说，假使人的行动影响着与直接发生相互作用的协调时，就会马上或稍后被注意到。反馈回路的存在包含着两个意思：第一，它表明信息流能从任何一点开始；第二，在诸如开车、步行或通过计算机信息导航这一类现实任务中，信息流是连续不断的。系统对人的行动作出响应的停滞是影响反馈回路与人发生相互作用程度的一个重要因素。

第六节　人的觉醒、疲劳与应激

以脑力负荷为主的人类活动中常常出现一些特定的心理与生理状态，如清醒状态、睡眠状态、紧张状态、松弛状态、疲劳状态等。有时一个人可能尤其警觉或敏捷，而有时可能糊涂或不在状态。脑子是否清楚可能受到诸多因素影响，比如情绪、疲劳、时间、环境中或者执行任务时产生的分心事，也会受到药物、酒、尼古丁或咖啡因的积极或消极影响。了解产生这些状态的原因，有助于设计符合人的心理或生理特性的产品。

一、觉醒理论

觉醒的概念主要源于医学和心理学。医学上的觉醒是指除睡眠之外的人的清醒状态，换言之，除睡眠以外的人的任何活动都称为觉醒。

1. 觉醒状态及生理基础

觉醒状态的研究是人机工程学研究的基础之一，包括了人从瞌睡到高度紧张之间的生理心理状态，如表 3-1 所示。人的肌体只有在觉醒状态下才能灵敏地感知环境的变化并做出相适应的行为。

表 3-1　人的觉醒状态分布

深度睡眠	轻度睡眠，瞌睡	想睡，疲倦	安静放松	轻松兴奋	非常兴奋激动	警觉状态

人的觉醒状态与脑内的网状激活系统密切相关。人脑内的网状系统能够激活大脑皮层，使脑部兴奋，以保持觉醒状态，因此也称"网状激活系统"。人的情绪色彩和情绪反应也依赖于网状结构的状态。当大脑皮层被激活，人的意识、思维等认知活动将处于较高的觉醒状态。网状系统并不会自发地工作，需要由来自感觉器官或大脑皮层的信息刺激后才能工作。刺激源分为来自大脑本身的信号、来自感觉器官的神经冲动和体液调节。

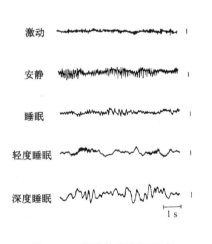

图 3-16　常见的脑电图形式

研究发现，网状系统后面有一个能直接抑制其激活系统的组织，称为抑制系统。抑制系统能够抑制大脑皮层的活动，并能产生与睡眠状态相同的脑电图。人的觉醒状态也受到网状系统和抑制系统双重控制，两者相互作用。

觉醒状态与人的大脑皮层激活程度的生理状态有关。大脑皮层活跃，人处于警觉的觉醒状态，反之，人处于睡眠的觉醒状态。通过脑电图可以反映出人的觉醒状态的变化。脑电图的波幅和频率特征跟人的觉醒状态密切相关，如图 3-16 所示。利用脑电图也可以对睡眠进行研究。

2. 持续觉醒

持续警觉是指长时间保持警觉，一般是在刺激环境单调和脑力活动以注意为主的条件下维持警觉。长时间集中注意行为会使人保持一种对刺激信号的高度集中注意，这种高度注意的觉醒状态被称为持续觉醒状态。

在"注意"这一部分内容中我们认识到注意是人类重要的心理特性，是脑力活动的重要特征。"注意"只有在有机体处于觉醒状态时才能发生。例如，在车辆驾驶和仪表监控的过程中，脑力活动通常不会过多，却要求保持警觉的准备状态，以应对紧急情况。然而人无法长期保持警觉状态。人在注意状态下警觉性会逐渐提高，若长时间保持高度注意状态，人的作业效能将随时长增加而下降，并出现疲劳等现象。研究发现，持续警觉在 30 分钟以后开始下降。在产品设计和工作环境规划中，应该充分考虑人的这一特征。

在对信号的监控中，需要操作人员随时保持对各种可能出现的警示信号做出反应，即对信号的高度注意和持续警觉状态。当长期处于持续警觉状态时，会出现信号的漏报或多报情况。随着作业时间的延长，信号漏报的可能性增大。信号漏报与信号的频率密切相关，信号频率太低时，信号的漏报就会增加（见图 3-17）。例如，核电站一年甚至几年都不会有事故，事故出现的信号频率就会很低，造成人的觉醒状态低，以至于出现信号却未能察觉，造成严重后果。在信号频率低的情况下，察觉信号的正确率也较低。随着信号频率的增加，正确察觉信号的百分比也会上升，在约每小时 100~300 次信号左右时，达到最高的正确率。当信号频率持续增加时，正确察觉信号的比率又会下降，出现信号多报的情况。

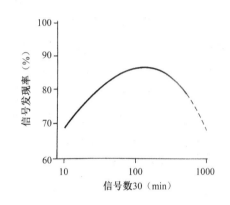

图 3-17　信息频率与正确发现信号之间的关系

随着信号频率的增加，发现信号的百分比也随之增加，但当信号频率太高时，发现信号的百分比反而会下降。当信号频率太低，观察者处于"单调状态"，作业效能降低，而当信号频率太高时又超过了人的信息处理能力。因此，在设计中需要注意信号频率有最佳值的问题。

3．觉醒与人的作业效能

对信号的认知（或察觉、反应）可以看做"作业效能"，即观察者在不同状态下对信号刺激的正确反应程度。作业效能随觉醒状态的不断变化呈现一定的规律。如图 3-18 所示的觉醒状态与作业效能的关系，可以看出人的最佳作业效能出现在适度的觉醒水平上，这说明人在既不过度紧张也不十分疲倦的状态下，作业效能最佳。

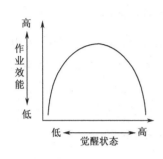

图 3-18　觉醒效能曲线

觉醒—效能曲线呈现了人的作业效能与人的生理心理状态之间的关系。人的作业效能最大值对应的觉醒状态为最佳觉醒状态，可以帮助人们合理选择最佳作业时间，提高作业效能。同时，避免在觉醒状态较差时进行紧张和单调的工作，减少出现低工作效率或事故。此外，觉醒—效能曲线也科学地解释了疲劳现象。

外部刺激和人的意识都会对觉醒状态产生影响，如环境、情绪等，从而影响人的作业效率和能力。通常作业性质和作业内容的不同，所要求的适合的觉醒水平也不同，如连续进行的内容单调、简单的作业，要求觉醒水平高；而难度大、需要进行复杂判断的作业，则要求觉醒水平低。想一下一个人试图在极高心理觉醒——可能是恐惧或恐慌下操作一个产品，在这样的情境下，有必要了解可能使用该产品的"人群分类"。比如美国与欧洲本土，开关往下是代表开，而在英国则相反。相似地，美国的紧急出口的标志是红色字母，而欧洲是绿色。在为特定市场设计产品时需要考虑到"人群分类"，因为在危险的高压下，人们会转变到直觉行为。因此为英国市场设计的机器，开关往上代表开，美国则可相反。

监视作业的效能可以通过相应的措施获得一定程度的改进，如适当增加信号频率、强度和增加可分辨性，让被试获知自己的作业成绩等。另外，避免一些容易导致作业效能下降的情况，如信号出现的不规则，被试受到体力应激而觉醒程度下降，作业环境噪声大、气温高等。

在界面设计中，文字和周围的视觉噪声能够干扰对特征、字符和单词的识别，使人们退出基于特征的无意识阅读模式，而进入有意识的基于语境的阅读模式（见图3-19）。在用户界面中，视觉噪声往往来自设计师将文字放在有图案的背景上，如果文字和背景的反差太小，会使得文字难以看清。

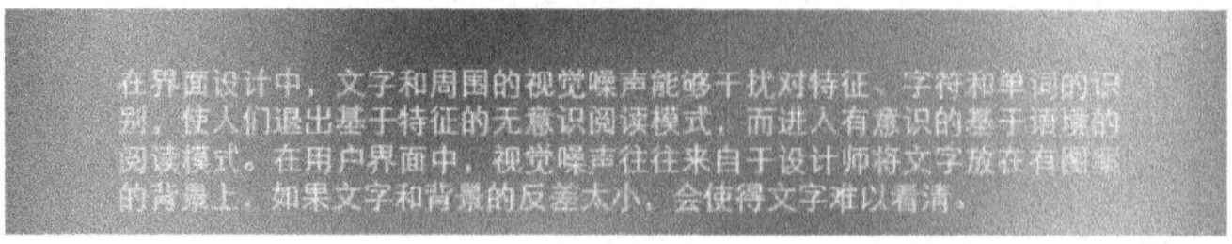

图 3-19　嘈杂的背景能够干扰对特征、字符和单词的识别

二、疲劳

疲劳影响着体力作业和脑力作业的效能。

1. 疲劳的种类

疲劳可以分为肌肉疲劳和一般疲劳。肌肉疲劳是指肌肉在反复工作的情况下会导致做功能力下降的现象。对于肌肉疲劳产生，化学理论认为肌肉疲劳是肌肉中的高能磷酸化合物分解、乳酸和含氮废物堆积而产生的；中枢神经理论认为肌肉疲劳是中枢神经控制的结果，当神经冲动到了大脑才会产生疲劳的体验。从人机工程学的角度看，可通过以下措施预防肌肉疲劳：避免在作业中静态施力；减少单调的重复性作业，如高速公路上长时间驾驶；作业内容适当复杂化，提高肌肉的能力等。

一般疲劳是指一种疲倦乏力的感觉，被看做是人的保护机制，防止活动过度，强迫获得休息。在这种感觉下，作业者通常觉得无力、运动迟钝、不愿意做任何脑力活动或体力活动。

觉醒状态是人从瞌睡到高度紧张之间的生理心理状态，疲劳则处于瞌睡和安静放松之间。从人机工程学的角度研究疲劳，仍是在研究人的觉醒状态。

2. 疲劳对人体的不良影响

疲劳会导致注意力的失调、感觉方面的失调、动觉方面的紊乱、记忆和思维故障以及意志衰退等心理生理机能的紊乱。

注意力的失调如注意力容易分散、怠慢和少动，或产生杂乱无章的感觉、好动或游移不定。感觉方面的失调，如长时间不间歇地盯着计算机屏幕阅读，会感觉文字变得模糊不清，手部长时间工作引起触觉和运动觉敏感性的减弱，这是由于疲劳导致的参与活动的感觉器官的功能紊乱。动觉方面的紊乱是指出现动作节律失调，动作滞缓或忙乱、不协调，自动化程度降低。在记忆和思维方面出现理解力降低，头脑不够清醒，忘记工作中有关的操作规程。疲劳也使人的决心、耐心和自我控制能力减退。

3. 设计中的疲劳因素

通过设计减少和消除用户疲劳具有重要意义。在设计产品时，需要考虑处于使用情景下的使用者动作姿势。应通过设计引导使用者合理使用肌肉，降低肌肉的实际负荷，避免用力过大或不均，尤其是一些特定职业易造成职业病。例如，人在长时间使用计算机时，手臂悬空易形成肩颈部的静态疲劳；当人的注意力集中于显示屏时，颈椎会下意识前倾，极大程度地增加了颈部的疲劳，容易引起肩颈部的慢性疾病，如颈椎肌肉僵硬等；当使用者背部不能贴合椅背又手臂悬空时，将增加脊柱的负担，引起腰背部的疲劳酸痛。应依据人机工程原理合理安排工作桌椅的受力与支撑结构，设计重要支撑部件为可调式，从而应对各种姿势产生的肌肉疲劳。

避免长时间单调操作，在长时间的连续任务中间适当休息，可以使用户的心理疲劳得以恢复。单调操作重复且缺乏刺激，常使操作者在生理及心理上产生厌烦感和疲劳感。高速公路驾驶是典型的单调操作，驾驶姿势固定、操作单调、宽阔笔直的道路视觉景观缺少变化，随着驾驶时间的增加，驾驶人员容易产生单调感与视觉疲劳，导致注意力麻痹，带来交通隐患。通过设计使交通构筑物产生某种感官愉悦，能够对驾驶者起到良性刺激，促使驾驶者保持清醒的状态。如图 3-20 所示，在合适的位置安放道路指示牌、灯杆、栏杆等交通构筑物，为道路两旁景观加入明快的色彩等。

图 3-20　色彩明快的交通构筑物

三、应激

应激是一种常见的心理生理综合反应现象。引发应激的因素被称为应激源，应激的出现受到工作、环境、个体生理特征和心理特征、组织和社会等因素的影响，如工作压力、噪声、照明、愤怒、焦虑等（见图 3-21）。突发事件也会导致应激。从信息加工的角度讲，应激源影响信息加工，并对与信息内容本身或人类技能无关的认知活动产生影响。

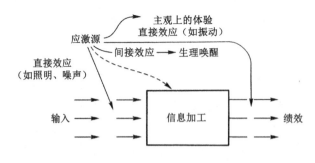

图 3-21　应激产生的原理

许多学者认为应激是一种人机系统偏离最佳状态而作业者又无法轻易矫正这种状态时出现的现象。应激是人机工程学领域的重要研究内容，人机工程学的理论认为应激的产生与工作负荷有直接的关系。工作负荷是单位时间内个体承受的工作量，能够反映个体的工作效率。合理的工作负荷并非任务越少越好，低负荷与超负荷都会引起应激。除了外界环境的变化，个体的能力、经验、身体状况和心理素质等因素也会影响应激的出现。比如，飞行员、矿井作业工人、高空作业人员承受着较高的应激水平。受同一刺激，某些人可能会发生应激，其他人可能并不会发生。此外，个体的动机、意图和责任心也会对应激的发生产生影响。

1. 应激对作业效能的影响

在应激条件下，个体可能出现生理反应、情绪反应、认知效应、社会行为和作业绩效改变等。应激的生理反应可通过较为显著的皮肤电反应、脉搏次数、心率和心电图等指标变化反映出来。害怕或恐惧的主观反应如烦恼、紧张等属于应激所导致的情绪变化。应激所导致的认知效应如思维混乱、注意狭窄、视觉容量受限、错误增加等。应激的社会效应表现为攻击性行为增加、协作性行为减少等。此外，应激与疲劳联系密切，工作负荷不合理或应激都容易导致疲劳，而疲劳也会诱发应激的出现。

应激对选择性注意、工作记忆、反应选择等信息加工过程具有影响，对作业活动的技能应用方面影响较大，如执行某种程序、设备维修等。对唤醒的生理水平进行测量是评价众多应激源所产生的效应的一种方法。

耶基斯-多德森定律将应激对唤醒、注意和工作记忆的影响加以描述，应激与人类绩效的关系成"倒U形"，如图3-22所示。在较低唤醒水平（低应激）时，随着唤醒水平和动机的上升，应激水平提高，作业绩效也相应改善，在唤醒水平达到一定程度后，应激对注意和记忆产生消极影响，导致绩效下降。从图中也可以看出简单任务或熟练的操作者最佳唤醒水平较高，而复杂任务或不熟练的操作者最佳唤醒水平较低。耶基斯-多德森定律也说明应激并不完全是一种消极因素。

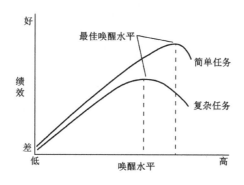

图3-22 耶基斯-多德森定律

2. 减少和消除应激反应

应激研究发现，在影响应激效应的因素中，其他应激源、个性、训练和专业知识三者可由个体采取主动措施调节。单个应激源单独作用会降低绩效，但当两个应激源一起出现时，会相互抵消一部分影响效应。其次，稳定的个性特征对应激反应具有一定的控制能力，并且不易受到由焦虑引发的应激环境的影响。而熟练的操作者、专家比新手更能抵抗应激的不利效应。

面对应激所产生的不利效应，可通过一些措施减小不利的影响。对于噪音、温度等外在应激源可尽量从环境中消除，但对于内在的应激源，则难以完全消除。采用合理的设计可以使应激水平处于人们可接受的范围内。

根据知觉的特性，减少不必要的信息和提高信息的组织性可以部分缓解应激的不利影响。对高度应激情境下的应急处理程序，要采取与日常程序尽可能一致的原则进行设计，并保持清晰和简练。在一些紧急状况下，应直接告诉用户做什么，而非不能做什么。

训练和人员选拔是应对应激的两种方式。在应激抵御训练和应激暴露训练中通过对应激效应的解释、应激应付策略的指导及应激影响的实际经验培训，可以提高受培训对象面对应激的自信心，也可能在一定程度上改善受培训对象的实际绩效。紧急状态下，对于重要的应急程序可进行深入训练，养成习惯，有利于在应激发生时从长时记忆中提取它们。另外，由于个体间具有差异性，在同一情景下，有的人作业状态良好，有的人会产生强烈的应激反应，所以可根据不同的作业特征进行人员选拔。

第二部分

产品设计中的
人机工程学

第四章

人机界面与交互设计

第一节 人机界面设计与交互设计概述

一、人机界面

人机界面（Human-Machine Interface）一直在人与产品的交流中扮演着重要的角色。在《现代英汉词典》中界面的定义为：分界面，即两个功能部件之间的一种共享界面，在一定的条件下，根据功能特性、公共的物理连接特性、信号特性及其他特性来定义结合部位、边缘区域，即能够使两个系统之间相互运行的一种设备或装置。在《设计词典》中界面的定义为：对两个不同物体间交流手段、交流过程的整体设计，以系统地优化人的操作、提高人机交流的效率为目的，也称用户界面设计（User Interface Design）。因此，界面设计不是单一的表层设计，而是要考虑到两者间的相互关系设计，涉及所包含的系统、人或者组织的互动行为。使用者与产品间透过产品的操控与反馈的界面，进行互动沟通与信息转换，从而达到完成任务的目的。

随着计算机相关技术和数字产品消费的提高，产品的非物质化进程日益加快，产品的体积造型不再是问题。同时，产品功能日益复杂化、多样化，用户需要更易于理解的信息，要求产品具有友好和简单明了的界面设计，要求设计者考虑到用户的人群属性、心理需求、认知水平和文化背景等相关属性，传统的"产品设计"将从造型设计更多地转向用户界面设计。

1. 人机界面的浅层含义

用户界面设计是产品的重要组成部分，这是一个由认知心理学、设计学、符号学等不同学科参与的复杂工程。通常可以分为硬界面和软界面，也可分为广义和狭义的人机界面。

广义的人机界面指的是在人与产品组成的系统中，完成人与产品之间信息交流的子系统。人机系统运行过程中，机器通过显示器将信息传递给人的感觉器官（如眼睛、耳朵等），经中枢神经系统对信息进行处理后，再指挥运动系统（如手、脚等）操纵机器的控制器、改变机器所处的状态，如图 4-1 所示。从机器传来的信息，通过人这个"环节"又返回到机器，从而形成一个闭环系统。在这个系统中，人与外界直接发生联系的主要是感觉系统、神经系统、运动系统，人体的其他系统是人体完成各种功能活动的辅助系统。可见，人机界面的设计直接关系到人机关系的合理性，而研究人机界面则主要针对两个问题：显示与控制。

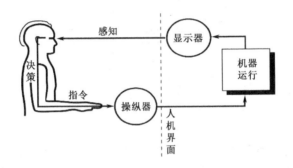

图 4-1　广义人机界面概念模型

狭义的人机界面是指计算机系统中的人机界面，即所谓的软界面。它是计算机科学和认知心理学两大科学相结合的产物，涉及人工智能、自然语言处理、多媒体系统等计算机技术，吸收了语言学、工业设计、人机工程学和社会学的研究成果，是一门交叉性、边缘性、综合性的学科。

2．人机界面的深层理解

美国学者赫伯特·A. 西蒙提出：设计是人工物的内部环境（人工物自身的物质和组织）和外部环境（人工物的工作或使用环境）的接合。所以设计是把握人工物内部环境与外部环境接合的学科，这种接合是围绕人来进行的。"人"是设计界面的一个方面，是认识的主体和设计服务的对象，而作为对象的"物"则是设计界面的另一个方面。它是包含着对象实体、环境及信息的综合体，它带给人的不仅有使用的功能、材料的质地，也包含着对传统思考、文化理喻、科学观念等的认知。

为了便于认识和分析设计界面，可将设计界面分为功能性设计界面、情感性设计界面和环境性设计界面（见图 4-2）。

（1）功能性设计界面即接受物的功能信息，如何操纵与控制产品，同时也包括与生产的接口，即材料运用、科学技术的应用等。这一界面反映着设计与人造物的协调作用。

（2）情感性设计界面即物要传递感受给人，取得与人的感情共鸣。情感把握在于深入目标对象的使用者的感情，而不是个人的情感抒发。这一界面反映设计与人的关系。

（3）环境性设计界面即外部环境因素对人的信息传递。任何一件产品都不能脱离环境而存在，环境的物理条件与精神氛围是不可或缺的界面因素。

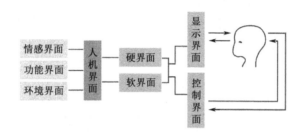

图 4-2 使用者与界面

二、交互设计

交互设计（Interaction Design）的概念由 Bill Moggridge 在 20 世纪 80 年代后期提出，并率先将交互设计发展成为独立的学科。交互设计在于定义人造物的行为方式（人工物品在特定场景下的反应方式）相关界面。Terry Winograd 将交互设计定义为"人类交流和交互空间的设计"，强调的是用户与产品使用环境的共存及交互场所与空间的构建。交互设计是一门交叉性学科，融合了计算机技术、虚拟现实技术、工业设计、视觉设计、认知心理学、人机工程学等众多学科，其目的是满足用户对产品的需求。[13]交互的目的是以用户为核心，从"目标导向"的角度进行产品设计，了解用户的目的要求，归纳总结信息资源，以信息指导设计行为，实现用户目标。

1. 交互设计的对象

设计在传统意义上一般被理解为造物，也就是对物的设计。交互设计则是在创造"行为"，把物当做实现行为的媒介。交互设计改变了以往工业设计、平面设计、空间设计中以物为对象的传统，直接把人类的行为作为设计对象。在交互行为过程里，器物（包括软硬件）只是实现行为的媒介、工具或手段。

---

[13]张旭, 王峰. 城市公共设施交互设计研究[J]. 包装工程, 2010, 31（05）: 30-33.

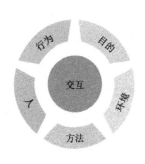

图 4-3　交互行为五要素

2．交互行为的五要素

当行为过程作为设计对象的时候，其属性不再是传统工业设计通常关注的诸如功能、结构、材料、色彩等物理属性，而是把人、动作、工具或媒介、目的和场景界定为交互设计的基本元素或行为五要素（见图 4-3）。对于工业设计来讲，改变其材料、色彩、结构或功能就可能获得一个全新的工业产品概念，而交互设计则需要重新确定参与者、定位行为动机、规划行为过程、谋求新的手段、营造新的场景和环境等角度。

3．交互类型

交互设计从宏观上讲，包含数据自交互、人机环境之间的交互及人与人之间的交互三大类。本书主要阐述的是微观上的人机交互。由数据自交互、文本交互、WIMP（Window-Icon-Menu-Pointer）模式的隐喻及示能性的分析，再到情境预演中以人为本的交互设计，进而发展到社交网络、位置服务网络和移动互联网络共生环境下的即兴交互和参与式设计的敏捷自然交互设计，这种大数据信息时代的生态环境通过计算能力的提升而不断进化发展。[14]交互设计正从少数简单功能发展到多种复杂功能，从单一低维通道向多向高维通道演进。

三、界面设计与交互设计关系

Jesse James Garrett 早在 2000 年就提出了以用户为中心的 Web 设计的流程和用户体验的要素，[15]如图 4-4 所示。通过交互设计、界面设计与视觉设计，用户能更方便地完成任务，获得良好的用户体验。例如，一个按钮的设计，交互设计师考虑功能的实现方式及与用户之间的互动，界面设计师考虑按钮如何摆放，上面显示什么文字，视觉设计师则关心界面的美化与视觉呈现。当然，在不少文献中，界面设计包含了 Garrett 阐述的视觉设计、界面设计、交互设计概念，内容更为宽泛。本书中沿用 Garrett 的分类方法进行阐述。

[14]覃京燕. 大数据时代的大交互设计[J]. 包装工程, 2015, 36（8）：1-5.
[15] Jesse James Garrett. 用户体验的要素——以用户为中心的 Web 设计[M]. 范晓燕译. 北京: 机械工业出版社, 2008.

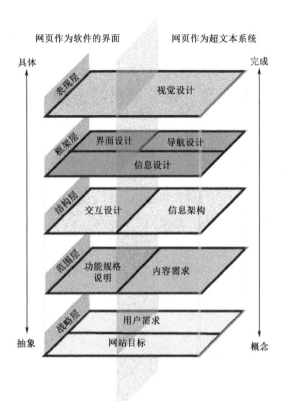

图 4-4 网页用户体验设计层次

在计算机出现不足半个世纪的时间里，人机界面经历了巨大的变化，人机交互更接近于自然的形式，使用户能利用日常的自然技能，无须经过特别的努力和学习，认知负荷降低，工作效率提高。从最初的将产品意义从产品功能中呈现出来的实体界面（"硬界面"），到少数专业人员才能使用的"软界面"，到当前用户界面主流的图形用户界面，使用键盘和鼠标作为输入设备进行直接操作，发展到多通道的用户界面，"以人为中心"的设计思想在人机交互的发展历程中逐渐显现出来。目前，多媒体技术的引入大大丰富了计算机表现信息的形式，而多通道用户界面的研究综合采用视线、语音、手势等新的交互通道、设备和交互技术，使用户利用多个通道以自然、并行、协作的方式进行人机对话，通过整合来自多个通道的精确的和不精确的输入来捕捉用户的交互意图，提高人机交互的自然性和高效性。未来的人机界面将会突破按键的"语音交互"，用"眼标"替代鼠标，从有形界面到无形界面，从无情界面到情感界面。人类自然形成的与自然界沟通的认知习惯和形式必定是人机交互的发展方向。由于人机界面与人机交互本就密不可分，在后面的章节中将一起阐述。第二、三、四节偏向软件界面与交互设计，第五、六节偏向硬件界面设计。

第二节　用户软件界面设计

　　界面的用户体验设计，以可用性与以用户为中心为理论基础，将用户时时刻刻摆在设计过程的首位，以用户的需求为基本动机和最终目的，对用户的研究和理解应当被作为各种决策的依据，随时了解用户的反馈。[16]以用户为中心的友好界面应该首先向用户传达系统拥有哪些功能并考虑提高系统的有用性设计，其次考虑易用性设计。[17]如 Garrett 的体验设计层次所示，在了解用户需求、产品目标之后，确立产品的功能规格，进行交互设计、信息架构，然后进行界面设计与视觉设计。通过界面设计将产品的功能、信息、交互方式视觉化体现出来，提高产品的感知易用性。

一、用户界面可视化设计方式

　　任何机器都有达到其目标的机制，这种有关机器和程序如何实际工作的表达被 Donald Norman 和其他人称为"系统模型"（System Model），被 Alan Cooper 等称为"实现模型"（Implementation Model）。用户猜想产品的使用方式被称为"心理模型"（Mental Model）或者"概念模型"（Conceptual Model）。在数字世界里，用户的心理模型和实现模型经常是截然不同的。对于软件应用来说，实现模型和用户心理模型之间的差异非常明显。在这种情况下，实现的复杂性使得用户几乎不可能看到用户动作和程序反应之间存在的机械联系。"开发出了什么"和"提供了什么"的分离则产生了数字世界里的第三种模型，即设计者的表现模型（Represented Model），即设计者如何将程序的功能展现给用户的方式（见图4-5）。用户界面的可视化设计主要有三类方式，即实现为中心、隐喻

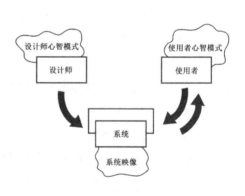

图 4-5　思维模型的三个方面

[16]夏敏燕, 王琦. 以用户为中心的人机界面设计方法探讨[J]. 上海电机学院学报, 2008, 11（3）: 201-203.

[17]张宁, 刘正捷. 自助服务终端界面交互设计研究[J]. 计算机科学, 2012, 39（6）: 16-20.

和习惯用法。

1. 实现为中心的界面

这种界面根据其构造，以软件创建的方式来表达，这本身就很困难。为了成功使用它们，用户必须理解软件内部的工作方式，实现为中心的界面意味着用户界面设计只基于实现模型。用户通过学习如何运行程序来理解实现模型界面的构成，反过来，为了成功使用界面，用户必须了解程序如何运行。

与实现为中心的界面非常相似的一种界面是"以组织图为中心"的界面。如某个网站按照企业的组织架构来组织页面内容，用一个区域来表示一个部门，缺乏和其他标签或者区域的关联性。与实现为中心的产品界面类似，以组织为中心的网站需要用户非常了解该企业是如何组织的，这样才能找到他们感兴趣的信息。

2. 隐喻界面

这种界面依赖于用户在界面视觉提示与功能之间建立的直觉联系，而不必了解软件的运行机制。隐喻界面往往从其实用功能出发，借物寓意，运用物体的功能传达软件、App 的功能。用户在使用界面时，对图形推断的线索来自形状、颜色、材质等能在真实世界里领略到的自然规律和事物属性。可以是基于客观存在的事物、事物功能、事物道理进行隐喻，界面从而具有了自解释的功能，符合用户猜想的流程，譬如从纸上撕下来的购物清单（见图 4-6），标签、抽屉形的归类，百叶窗形的屏幕解锁。良好的人机界面设计采用这种拟物、隐喻的手法，合理运用心理学和符号学，能够跨越文化，克服语言障碍，提示或暗示用户，成为全球都能理解的、通用的设计，达到抽象事物具体化、深奥道理浅显化的目标。

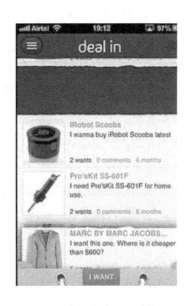

图 4-6　Deal In 中从纸上撕下来的购物清单

然而，隐喻具有其局限性，不具有可扩展性，依赖于设计者与用户之间相似的联想方式，虽然隐喻利于提高新手用户的学习能力，但却在新手用户成为中间用户之后成为阻碍。设计师需要依据媒介的特性，突破机械时代的参考物的限制。如网站购物，有别于实体商店购物，在电子商务网站上按照进入"入口—寻找产品—与店家交流—收藏或加入购物车—支付费用—物流送货—双方评价"的流程进行。因此提供快捷的入口、方便的搜索方式、随时随地的询价交流、简易的收藏或放入购物车、安全的支付方式、快捷的物流配送、透明公正的客户评价，才能使顾客方便地完成购物及评价流程。以淘宝网为例：①在购物入口方面提供了"我要买"、"站内搜索"、"宝贝类目"等多种方式，为用户提供随时随地的进入店家寻找产品的入口；②在寻找产品方面，可按照人气、销量、信用、最新、价格、所在地等方式对搜索结果进行排序分类，并提供了品牌、选购热点、风格等分类方式；③有专门的即时通信工具"阿里旺旺"，方便买家与商家就商品的价格、质量、物流等一系列问题进行沟通，还有淘小二为用户提供 24 小时的在线咨询服务，页面下方的"联系我们"可以查找到针对各个用户群体的热线电话；④在每个产品页面简介部分可以直接购买或者加入购物车，加入购物车后没有付款的，相当于加入收藏夹一样，方便下次查看；⑤提供专门的支付工具支付宝，通过实名认证制、支付盾、信用评价体系、支付宝的延后付款方式等在一定程度上保证了用户的支付安全；⑥实行推荐物流方式，为用户提供可选择的物流服务，物流企业可以直接在网站后台接受和处理客户的物流需求订单，方便快捷；⑦淘宝采用双方互评后才生效公开，增加了信用度的真实性。

3．习惯用法界面

这种界面基于用户学习和使用习惯，不关注技术知识或者直觉功能，而是通过学习简单而非隐喻的用户视觉或者行为习惯来完成目标和任务，从而解决了前面两种界面类型存在的问题。所有的习惯用法都需要学习，好的习惯用法只要学一次。

交互词汇中的原子（基本）元素越多，学习过程所耗费的时间和困难就越多。通过限制交互词汇的元素数量降低了其表现力，但可以组成大量复杂的交互体，就像字母组成单词、单词构成句子。可以用一个倒金字塔代表 1 个适当结构的交互词汇，所有易学的交流系统遵循如图 4-7 所示的模式，最底层包括原语和构成语言的所有原子元素。在现代图形用户界面中，这些原语包括指向、单击和拖动。中间层包括组合用法，它们通过一个或多个原语组合创建，其中包括一些接受动作和表现状态的简单视觉对象，还有双击和单击并拖动这样的动作，按钮、复选框、超级链接和直接操作句柄（Direct Manipulation Handles）等操作对象。最上层包括习惯用法，使用当前的领域知识，包括用户工作模式和目标，并不是专门的计算机方面的内容，一系列的习惯用法提供了大量的词汇来表达程序试图解决的问题。在图形用户界面中，包括标签按钮、字段、导航条、列表框、图标，甚至成组的字段和控件，或者整个窗格和对话框。[18]

---

[18] [美]Alan Cooper, Robert Reimann, David Cronin. About Face 3: 交互设计精髓[M]. 刘松涛, 等译. 北京: 电子工业出版社, 2013.

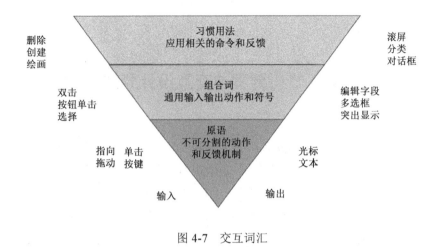

图 4-7　交互词汇

二、用户界面视觉设计

　　视觉界面的设计基于美学原则，在一定的功能框架下优化用户体验。视觉界面设计对品牌形象、用户体验及本能反应等方面有一定的支持作用，但用户体验目标和业务目标的清晰度也是极其重要的。视觉界面设计师不仅要掌握设计原则，也要理解软件行为和人机交互等，对行为的角色主体有着更加深入的理解和评价，其工作的重点在于设计信息组织，以及如何利用视觉暗示和启示将行为信息传达给用户。从根本上讲，视觉界面设计的工作重点在于理顺信息间的关系，处理和组织好视觉元素，从而有效地传达出行为和信息。在展现的形式上可以通过优化主次信息之间的比例、各个信息模块之间的距离、单个模块里信息的间距；灵活运用设计构成中的圆、方、三角形等基本造型元素；遵循"对称与均衡、对比与统一、比例与尺度"等美学法则，塑造美观而简洁的界面空间。

　　在设计用户界面时，要考虑每个元素的视觉属性，即形状、尺寸、颜色、方位、纹理及位置。形状是物体的基本属性，但辨识形状需要更高水平的注意力。较大尺寸的物体更容易引起我们的注意，且当一个东西非常小或者非常大时，很难注意到它的诸如形状的其他变量。颜色的不同能快速引起注意，在一些专业领域中也有特殊意义，但要注意其运用环境，且存在着色盲现象，不能作为唯一的传达要素。方位用于传达有关方向的信息，但尺寸较小时难以察觉，只能作为次要的传达要素。纹理可被用做重要的启示暗示，但需要很强的注意力，还需要不少的像素来表达。而位置和尺寸一样，既是顺序的又是定量的变量，意味着可以被依赖传达层次结构方面的信息。

第三节　界面与交互设计原则

人机界面在发展的过程中,其有用性和易用性的提高使得更多的人能够接受并愿意使用它,同时也不断地提出各种要求,其中最重要的是要求界面保持"简单、自然、美好、方便、一致"。Nielsen 总结归纳了 10 条启发式评估界面设计标准:①系统状态的可见性(Visibility of system status);②系统与现实的一致性(Match between system and real world);③用户的控制权与自由度(User control and freedom);④一致性与标注化原则(Consistency and standards);⑤预防错误(Error prevention);⑥识别而非记忆(Recognition rather than recall);⑦灵活和使用效率(Flexibility and efficiency of use);⑧美感和简洁的设计(Aesthetic and minimalist design);⑨帮助用户识别、判断错误,并从错误中恢复(Help users recognize,diagnose and recover from errors);⑩帮助文档(Help and documentation)。

Alan Cooper 等总结归纳了优秀的交互设计原则与模式,包括作用于不同层面的设计原则,上至普遍的设计规范,下至交互设计的细节,大致可以分为 4 类:设计价值、概念原则、行为原则和界面原则。设计价值描述了设计工作有效的必要条件,衍生出下面要讨论的次级原则:概念原则用来界定产品定义,产品如何融入广泛的使用情境;行为原则描述产品在一般情境与特殊情境中应有的行为;界面原则描述行为及信息有效的视觉传达策略。本节综合了 Alan Cooper 与 Nielsen 的研究,分为概念原则与实现原则。

图 4-8　能方便显示前一月和
后一月的电子日历

一、概念原则

1. 表现模型接近用户的心理模型

表现模型越接近用户的心理模型,用户就

越容易使用和理解产品，但若越接近实现模型，则越容易削弱用户学习和使用产品的能力，因此，交互设计师需要将实现模型隐藏起来。而机械时代的表现方式有损于用户交互，故不要全盘复制机械时代产品的用户界面，而是要按照信息时代的客观情况进行改良。在非数字化世界中，日历由纸张制作，通常以每月一页的格式分割，这种方式考虑了纸张、抽屉等的尺寸。而在软件中很容易成为连续的日期、星期或者月份的滚动序列（见图 4-8）。

2. 满足不同用户的需求

在交互和界面设计中，如何用同一个界面满足新手用户、中间用户和专家用户的需求是长久以来存在的难题之一。让新手快速和无痛苦地成为中间用户；避免为那些想成为专家的用户设置障碍；最为重要的是，让永久的中间用户感到愉快，因为他们的技能将稳定地处于中间层。就如 Google 用户体验的十大准则中提到的那样："引导新手，吸引专家。最好的 Google 设计表面上看起来很简单，却包含了强大的功能。我们的目标是为新用户提供美妙的初始体验，让新用户很快熟悉产品，在必要的时候提供帮助，并且保证用户可以通过简单符合直觉的操作，使用产品的大多数有价值的功能，逐步披露高级功能，鼓励用户去扩展他们对产品的使用。同时，在适当情况下，Google 会适时地提供一些智能功能来吸引那些经验丰富的资深用户。"

3. 降低工作负荷

行为与界面层面的设计原则是使工作负荷降至最低，包括认知负荷、记忆负荷、视觉负荷、物理负荷。认知负荷是理解文本、组织结构与产品行为；记忆负荷是回忆产品行为、命令向量、密码、对象、控件位置与名字，以及对象之间的其他联系；视觉负荷是弄清屏幕内容的起点、搜索众多对象中的一个、分解布局，以及区分界面的视觉元素（如不同颜色的列表项）；物理负荷指的是击键、鼠标运动、鼠标手势（单击、拖动和双击）、不同输入模式的切换，以及完成导航需要的点击次数。然而许多产品和交互界面忽视超负荷的设计给用户造成的困扰，不仅增加了用户的工作负担，更可能使其放弃使用产品。

4. 使用合理的平台和姿态

在进行交互设计时，还要注意使用合适的平台，以什么样的姿态运行。平台是软件和硬件结合在一起，并使产品的使用成为可能，这里的使用包括交互和产品内部的运转。个人计算机上的常用软件、互联网网站、基于网页的应用、信息亭、车载系统、手持设备等都可以是交互产品的平台。而产品的姿态是指产品展现给用户的行为姿态和立场，可以是独占姿态、暂时姿态或者是后台姿态，并主导设计其他部分的原则。

平台和姿态也是紧密关联的，不同硬件平台有益于不同的行为姿态。

5. 协调用户的流

当人们全身心地投入到某个活动中时，他们会对周围的事物视而不见。这种状态被称为"流"（Flow）。流通常包括一种温和的沉醉感并能让人对时间的流逝毫无察觉。因此在设计交互产品时要促进和增强流，尽量避免任何可能打断流的行为。如果一个应用程序不断地对用户喋喋不休并打断其行为的流，让用户继续保持富有成效的状态就难了。同时尽可能地避免或打断用户默认的操作流程，以节约用户的时间成本，提高用户的使用体验。[19]

6. 消除附加工作

附加工作是用户努力实现目标的同时，满足工具或者某些外部因素需要的其他工作。附加任务的问题是会消耗用户的精力，而不直接实现用户的目标。消除附加任务，能够让用户更加有效率，改善软件的使用性，创造出更优秀的用户体验。在消除附加工作时，必须小心，不能仅仅为了适应专家用户而消除它，也不必强迫专家用户接受提供给新手用户或者临时用户的帮助。因此，为了培训新手用户而添加的软件功能必须很容易关闭，避免过度的装饰干扰用户的工作效率，避免轻易打断用户的流，尽量减少错误、通知和确认信息。

二、实现原则

1. 识别而非记忆

1）建立清楚的视觉层次方法

在产品或界面上，操作部位或信息应显而易见，并传达正确的信息。信息的显示应当尽量醒目，重要信息和周边要有足够的对比，强化重要信息的可识读性，不同类信息以可描述的方式加以区别，并根据信息重要程度进行编排，便于识别和执行。心理学认为人能接受的信息量一般为 7±2。可以采用：超重要的部分越突出，逻辑上相关的部分视觉上也相关，逻辑上包含的部分在视觉上进行嵌套。把页面划分成明确定义的区域，明显标志可以点击的地方。容易引导或者说干扰到视觉移动方向的方式：暖色比冷色，鲜艳色比暗淡色，更容易牵引视觉移动；人物图片比文字信息更吸引人，人物图片可以锁住用户的目光，牵引用户的视线路径，合理的使用可以烘托气氛，提高访问者的兴趣，留下深刻印象；视线会不自觉的根据数字编号来移动。同时降低视

[19]郭馨蔚. 针对用户界面中系统导航的分析研究[J]. 装饰, 2011, （1）: 94-95.

觉噪声，背景图案与颜色都不应该太抢眼，从而最大限度地降低干扰。

2）符合用户预期

产品提供的信息应尽量与用户的期望和直觉保持一致，可以先确定一个明确的目标信息，接下来确切地知道用户需要什么信息，只有用户想获得的信息与产品推出的目标信息一致，才能让用户更快地注意到产品的信息。通过人们已经熟知的形状、颜色、材料、位置的组合来表示操作，并使它的操作过程符合人的行动特点，或者可以利用物理环境类别和文化标准理念设计出让用户一看就明白如何使用的产品，或者可在产品上添加适当的视觉线索来提高产品的易理解性，如指示灯、引线、文字说明等。设计师还可以利用人的联想、想象能力，采用仿生、隐喻等来进行功能的传达，如计算机上的很多名称、图形符号就是利用了生活语言、生活行为来比喻概念性知识，如"文件"、"窗口"、"菜单"等名称及存盘、打印预览等图形符号。又如 QQMail 的收件人地址先字母排序，再优先显示最近联系人，减少键盘操作，符合用户预期。

3）提供帮助

在软界面上应当提供教程、演示和帮助等辅助信息，帮助用户对界面知识和任务方法的掌握，同时采用多媒体、声音识别、手写体识别等技术，以及图提示等适当的方法，使用户通过多通道快速获取立即、明显的反馈。

4）界面尽量简洁

人机界面应尽量减少所需步骤，使用户更快捷地完成任务。伴随产品功能的增加，为确保用户的操作质量和提高用户的工作效率，界面设计应尽量简单，去掉不必要的复杂细节，避免同时对注意力过多竞争的设计，否则会超出认知处理器的处理能力，从而导致人体机器的失灵和故障。避免在界面上安排过多的信息，信息量过载会分散用户的注意力，使用户感觉混乱而影响使用，有时还会引起紧张。系统易读性最好的一个例子应该就是当初 Google 的成功了，它简单明了，直接给出用户需要做的事情。

2. 一致性原则

1）系统与现实的一致性

操作系统与现实应该具有一致性，也就是"控件-功能"之间具有映射关系。映射描述了控件、影响的事物，以及与预期结果之间的关系。当控件与其影响的事物之间没有视觉上或者象征的关系时，映射关系很不自然。不自然的映射关系影响用户的进度，用户不得不停下来思考控件及其影响的事物之间的关系，打断了用户流的状态。控件与功能之间的不自然映射也增加了用户的认知负担，并且可能会产生严重的用户错误。

物理映射中操纵器与被操作对象之间存在着清晰的空间位置映射，这种映射是 Donald Norman 所说的"自然映射"（具体分析见本章第六节中的"控制台布置"部分）。逻辑映射是按照用户的逻辑思维来，如照片按照文档大小的升序、降序让人摸不着头脑，在排序方式上选择拍摄日期方式则更符合用户的预期。

2）一致性与标准化

由于普通用户和专业用户都面临着产品的升级换代引起的人机界面改变的问题，因此，为使用户将已有的知识和经验传递到新的任务中，更快地学习和使用系统，人机界面应尽量保持一致。人机界面的一致性有助于用户在同一企业的不同产品上操作时，原有的操作经验和习惯能够延续，方便用户的使用，提高操作效率，减少人为的失误。界面中的形状、颜色、材料、位置的组合、操作模式及交互信息，在可能的情况下，具有固定的表示方式，从而使用户能快速理解，以减轻用户负担。同时也使得产品形象与企业形象紧紧的联系在一起，形成有机的统一体。一致的操作序列、有意义的消息、常规用法的引导，可以让这些用户重新发现该如何恰当地完成任务。系统在接收信息或是反馈信息的时候，需要前后一致，让用户有最少的意外感觉。

3. 预防错误与容错

人的注意力是有限的，同时，在人对机器做出反应的过程中，也可能出错，例如，视觉错觉、感知能力限度、容易忘记事情、无意识的操作错误、容易受情绪外界影响等。容错性应容许用户错误操作，降低由于偶然动作和失误而产生的危害及负面后果。

图 4-9　防止遗忘的卫生间搁物板设计

在设计时，要做到：①对不同元素进行精心安排，以降低危害和错误：最常用的元素应该是最容易触及的；危害性的元素可采用消除、单独设置和加上保护罩等处理方式。②提供危害和错误的警示信息，如声光等信息提示。③失效时能提供安全模式，容许在错误发生后给用户提供补救的机会和复原的方法。④在执行需要高度警觉的任务中，不鼓励分散注意力的无意识行为。有时，为减少用户使用物品的操作可能性，或者当用户的操作或使用不正确时，用户就不能进行下一步的动作，可设置一些限制性功能。例如，微波炉和电视机上的连锁装置，防止人们在未切断电源之前，打开微波炉的炉门或电视机的后盖。又如图 4-9 所示的卫生间隔间搁物板设计，在出厕所前必须拿起放在搁物板上的东西，搁物板竖起，才能走出隔间，这种设计防止了用户将物品遗忘在隔间。

4．系统状态的可视性

1）操作活动的可视性

人们首次使用某产品时，都会用以下问题来引导自己的操作：哪些是可移动的？哪些是固定的？操作时，应握住物体的哪个部位？对哪些部位进行操作？手伸到什么地方？朝什么方向移动？可能的操作是哪一种：推、拉、转、旋转、触摸、敲击？有的把产品的关键部位隐藏起来了，有的产品提供了错误的操作暗示。正确的操作部位必须是显而易见，而且还要向用户传达出正确的信息。操作的可视性为用户提供了操作上的明显线索。设计师还可在产品上添加适当的视觉线索来提高产品的易理解性，如指示灯、引线、文字说明等，如图 4-10 中的门把手传达出是平移还是外拉的操作方式。

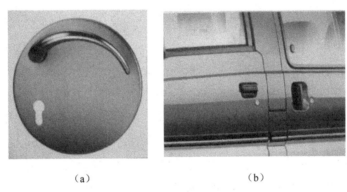

（a）　　　　　　　　　　　　（b）

图 4-10　暗示合理的操作把手

适时出现的提示或功能，用得好，不但不会骚扰用户，还是对用户的细致的关怀。如图 4-11 所示，图片验证下提示"不区分大小写"，细节中体现体贴。

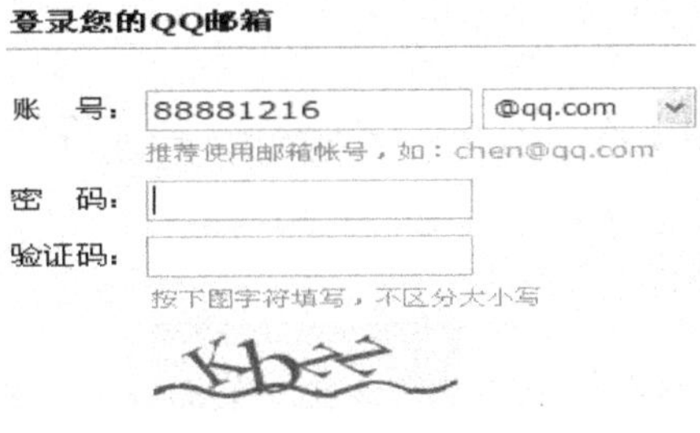

登录您的QQ邮箱

账　号：　88881216　　@qq.com
　　　　　推荐使用邮箱帐号，如：chen@qq.com
密　码：
验证码：
　　　　　按下图字符填写，不区分大小写

图 4-11　适时出现的提醒

2）操作结果的可视性

反馈是控制科学和信息理论中的一个常用的概念，其含义为：向用户提供信息，使用户知道某一操作是否已经完成，以及操作所产生的结果。反馈信息可以以多种方式呈现，通过信息反馈，用户得到出错提示或任务继续的界面显示。动作序列应该形成有开始、中间和结尾的组合，信息反馈在完成一组动作后给用户一种满意可靠的感觉。要对用户的操作命令做出反应，帮助用户处理问题。控制操作的反馈源于：人手、足等运动器官本身运动情况带来的反馈；由控制器产生的反馈信息；显示器提供的反馈信息。例如，登录时的状态条、短消息发送成功的提示音等，都实时给出当前系统的处理状况。

3）用声音增强可视性

有时无法让用户看到产品的某些部位，就可以通过声音的方式来提供信息。声音可以告诉用户产品的运转是否正常，是否需要维修，甚至可以避免事故的发生。打电话时的蜂鸣声和"嗒嗒"声提醒用户产品正在运行。

要想利用合理的声音，必须了解声音与所要传达的信息之间的自然关系。那些不宜用其他方式传达的概念信息可以通过丰富的、自然的模拟声音表现出来。声音作为一种隐式的自然交流方式，不需要特殊的学习、训练或者传播，就可以让用户具有身临其境的感觉，对用户的操作给予即时、适当的反馈。例如，Letterpress 中删除游戏时字母表格分解小方块掉落到屏幕底部发出的微妙的爆炸声，尽管简单，但除了帮助用户获得机器的反馈，还让人联想到爆竹爆炸时四分五裂的景象，也就理解了操作的含义，让人机之间的交流与反馈越来越真实、有趣。当我们拨动电子日历上的日期发出的"喀喀"声，随着拨动的速度，声音会发生相应的速度变化，就像真实世界中我们拨动的时钟声一样，产品也就呈现出有趣的意味。虽然日历与时钟并不是同样的事物，但属于同一类型，也能帮助用户理解产品。

第四节　简约化界面与交互设计

复杂产品不可持续，但不是说要做的像独轮自行车那样简单而使得大部分人都无法操作。只有脱离了专家的掌控并以广大用户为念，技术才会真正变得有意思起来。

简单并不意味着欠缺或低劣，也不意味着不注重装饰或完全赤裸裸，而是说装饰应该紧密贴近设计本身，任何无关的要素都应予以剔除。为主流用户设计，需要了解主流用户最想要什么，与专家用户的区别是什么？主流用户最感兴趣的是立即把工作做完，专家则喜欢首先设定自己的偏好；主流用户认为容易操控最有价值，专家则在乎操控得是不是很精确；主流用户想得到靠谱的结果，专家则希望看到完美的结果；主流用户害怕弄坏什么，专家则有拆解一切刨根问底的冲动；主流用户觉得只要合适就行了，专家则想着必须精确匹配；主流用户想看到示例和故事，专家想看的则是原理。界面与交互应该是简洁的，为主流用户所设计，让用户感觉是在掌控自己使用的技术，好像是在掌控自己的生活。

对此，Giles Colborne 提出了简约设计四策略，包括删除、组织、隐藏、转移。[20]

一、精简删除不必要的功能与信息

认知心理学家杰姆斯·J. 吉布森（James J. Gibson）提出的功能可见性概念指出，用户首先感受到的是产品所具有的功能性，然后才去感知设计的存在。不断增加的新功能，让用户越来越迷茫，难以发现真正有价值的功能，也使产品复杂度增加，维护成本增加，用户满意度却降低。由此，在进行新产品开发前，都需要明确产品的核心功能，对什么是简单的用户体验有一个清晰的认识，从而为后期的产品评估建立一个简单的标准。

希克（Hick）定律说明，当一个人面临的选择越多，所需做出决定的时间就越长。奥卡姆剃刀（Occam's Razor）原理也说明，如无必要，不要增加实体，而是要选择最简单的设计。只有不断深挖产品功能本质，删除杂乱的特性，让设计师专注于有限的重要问题，才能改进核心体验，用户也更趋向于行动，甚至按照设计师意图进行操作，同时也要避免错删，不能削减应有的功能。

研究人员发现，功能多对于没有机会试用的消费者有吸引力，但在消费者使用了产品之后，他们的偏好就会改变，从重视功能变成了更重视可用性。在明确产品的核心功能时，首先通过确定用户想要达到的目的，排定功能优先次序。然后，专注于寻找能够完全满足优先级最高的用户需求的解决方案，找到之后再考虑满足用户的其他目标。另外，确定用户在使用过程中最常见的干扰源，并将解决这些问题的功能按难易程度排出优先次序。在视觉上通过使用空白或轻微的背景色来划分页面，而不要使用线条；尽可能少使用强调；不使用粗黑线，匀称、浅色的线最好；控制信息的层次；

---

[20] Giles Colborne 简约至上: 交互设计四策略[M]. 李松峰, 秦绪文, 译. 北京: 人民邮电出版社, 2011.

减少元素大小的变化；减少元素形状的变化等方法精简信息。在界面中，核心内容区往往有留白。留白尺度比例越大，越是凸显了该区的重要性。

二、合理组织必要功能与信息

在明确产品功能后，再进行组织界面信息。凡是简洁美的东西都有一个共性，就是在外观造型中的各元素存在一定的和谐、统一的关系。人的视觉和心理惯于接受有序、简洁与和谐的形态。有序与和谐让人对事物的心理感觉单纯化、规律化及整洁化。简约设计将各种符号、元素等进行归纳与整理、有序组合，以符号化的方式、独特的设计语言展现给用户，[21]从而实现设计上的简化。

如何有序组织信息，在不少人机工程学书籍中已有相关论述，例如，丁玉兰教授认为，需要"按仪表的重要性程度排列、按使用顺序排列、按功能进行组合排列、按最佳零点方位排列、按视觉特性排列、按仪表与操纵器的相合性排列"。[22]辛向阳教授从交互设计角度出发，认为相对于"强调物的自身属性合理配置的决策依据"的"物理逻辑"，"合理组织行为作为决策依据"的"行为逻辑"可以指导设计方法，尤其是从情景设计到用户界面信息架构的转化。[23]

在具体设计时，只强调一两个最重要的主题。例如，最好的 DVD 控制器设计只突出开/关按钮和最常用的按钮，如播放、暂停和停止。接着进行分块，经典建议是把项组织到"7±2"个块中，理论上讲，这是人的大脑瞬间能记住的最大数目，不少心理学家认为人类的瞬间存储空间其实更小，大约只有 4 项。围绕行为的步骤、流程进行组织，并采用字母顺序与格式、时间与空间、大小与位置、分层等方法进行信息的分类。其中，利用感知分层技术，可以把一些元素放在另一些元素上方，或者把两组元素并排起来。例如，可以用连续的色带联系相关的内容，甚至，还可以让散落在用户界面各个地方的元素建立联系，比如为购买按钮和购物车图标应用相同的颜色。根据视觉感知的格式塔原理，人的视觉系统会自动对输入视觉信息进行结构化处理，这样易于记忆与理解。在使用感知分层的情况下，不一定要把界面严格分割成几个区域。通过颜色、灰色阴影、大小缩放、形状变化等来产生分层。需要注意的是：①尽可能使用较少的层。内容越复杂，所需的分层反而能少些。②考虑把某些基本元素放在常规背景层。③尽量让任意两层之间的差别最大化。④对于相对重要的类别，使用明亮、高饱和度的颜色，更加突出。⑤对于同等重要的类别，利用感知分层技术，使

---

[21]郭林森，杨明朗. 极简主义在日常用品设计中的应用研究[J]. 包装工程，2015, 36（12）：127-130.

[22]丁玉兰. 人机工程学[M]. 北京：北京理工大学出版社，2005.

[23]辛向阳. 交互设计：从物理逻辑到行为逻辑[J]. 装饰，2015, 261（01）：58-62.

用相同的亮度和大小，只是色调要有所区别。

三、隐藏非核心的功能与信息

隐藏比组织有一个明显的优势，就是用户不会因不常用的功能分散注意力。就像瑞士军刀、滑盖手机、抽屉一样，在软件或硬件界面中利用折叠、滑轨等结构形式进行整理，实现形式上的简化。产品可以包含供主流用户使用的核心功能或控制部件，以及为专家级用户准备的扩展性的、精确的功能或控制部件。而专家级功能或控制部件往往主流用户使用较少，通常适合隐藏。通过隐藏这些精确的功能和控制部件来实现简洁的形态，如原来的电视机设置频道等精确控制的按键与旋钮隐藏在盖板背后，使得整体显得干净利落，随着用户逐步深入使用产品而展示相应的功能。

几个要注意的是：①不常用但不能少的功能，如设置就适于隐藏。②那些只对专家级用户使用的功能，尽量避免主流用户随意设置导致无法找到。③不推荐自动定制或自适应功能。如 Microsoft Office2000 中的"自适应菜单"，试图在顶级菜单中只显示用户经常使用的一组命令，要查看其余命令，需要点击 V 字形图标或鼠标放在上面等待几秒，导致主流用户难以找到相关命令。④通过渐进展示，逐渐将"核心功能加扩展功能"展示出来，如 Word 中的保存，刚打开时只显示主流用户的核心选项，点击扩展之后有更多的内容。⑤如果所有用户都会随着搜索的深入而寻找较为复杂的功能，那就可以使用阶段展示来逐渐体现。⑥适时出现隐藏的功能，如字典中查看文章，鼠标移动到单词不动时，就会自动显示词义。⑦提示与线索。很多软件中的具备高级特性的绘图工具在工具箱中以一个小三角形图标表示。这样采用了应邀探索设计模式，将隐藏的功能放置在杰夫•拉斯金（Jef Raskin）所说的"用户的关注点"（locus of attention）上，能让隐藏的功能更易被发现。

而 Nendo 工作室的创始人佐藤大认为，越是想要展示的东西，越要有意隐藏，因为这样才能创造出让人读懂的故事。[24]隐藏的具体方法是：①将人们能看到的东西遮挡住一部分，引导人们看得更远；②省略一部分结构，让表达变得干脆简洁；③隐藏周围的部分事物，强调对象物体；④进行反转设计，让人们进一步关注本应该在表面的东西。比如，Nendo 为 solo & seibu 项目 contrast 尺，放在浅色背景上的时候看不到白色部分的刻度，放在深色背景上看不到黑色部分的刻度。无论在什么背景色上都能一目了然（见图 4-12）。

---

[24] 佐藤大, 川上典李子. 由内向外看世界[M]. 邓超, 译. 北京：时代出版传媒股份有限公司, 2017.

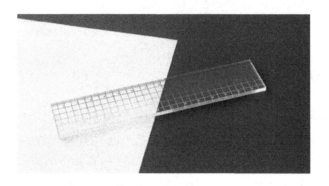

图 4-12　solo & seibu 项目 contrast 尺

四、转移不擅长的功能与信息

泰斯勒定律（Tesler's Law）认为，每一个过程都有其固有的复杂性，存在一个临界点，超过了这一临界值就不能再简化了，只能将固有的复杂性进行转移。让用户感觉产品简单好用的一个前提是理清人机功能分配，把正确的功能放到正确的平台或者正确的系统组件中去，让人和机器各自去做擅长的事。技术的发展使得机器可以承担更多智能化的功能，但也要避免让用户失去掌控感，可以通过创造开放式的用户体验，让用户可以根据自己的需要重新定义产品功能。基于系统思维，不限于人机工程问题，而是综合考虑社会、经济、科技发展水平等更广泛的条件，找到解决问题的最佳均衡点。

许多当代产品在自动化技术的支持下实现了产品功能与信息的转移。界面是输入与输出、标志与姿势的混合，允许人机之间通过视觉、听觉、触觉甚至嗅觉来交流。当智能产品开始模仿人类行为，人们以依恋、信任或共鸣的感情回应它们。[25]Nest Learning 恒温器为基本的家用电器带来了先进的交互设计，取代了早期的盒子形状的恒温器，只需简单旋转就可以操作旋转界面，让人想起 Henry Dreyfuss 的 Honeywell Round 的经典设计。旋转外圈可升高或降低温度，照亮的显示屏反映出房间中的活动，感应器根据人们进出房间提示 Nest 调整温度，按压环形可激活另外的选项菜单操作设备及转换冷热。智能手机 Apps 允许用户遥控恒温器，并跟踪长期的能量使用情况。这个产品将先进的数字技术与简单的外观形态进行了结合（见图 4-13）。

[25] Ellen Lupton. Beautiful Users designing for people[M]. Princeton Architectural Press，2014.

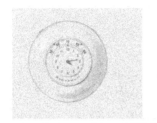

（a）Dreyfuss 的 Honeywell Round 恒温器

（b）Nest Learning 恒温器手稿

（c）Nest Learning 恒温器

图 4-13　Nest Learning 恒温器

　　成功的智能家居产品，首先应该满足功能性，即用户对"家居"的使用需求，"智能"的部分则用来提升用户的使用感受。比如，移康推动智能和安防的结合，抓住受众刚需和时代风口进行全新领域的探索，拥有人体移动侦测系统的猫眼和远程联动的指纹锁彻底颠覆了传统的被动安防时代。VEIU 智能可视门铃之所以在海外受到关注，还得益于它简单方便的操作，能够让家庭里的每一个人（从老人到小孩）都能灵活地使用。因为市面上大部分的智能门铃都和手机绑定，从而导致屋内没有或是不会用智能手机的人无法和屋外的来访者进行交流。而 VEIU 的屋内显示屏就起到了相应的作用。任何人都可以站起来，通过触摸屏和屋外的人交谈、抓拍屋外可疑动静或者查看以前的照片或视频记录。VEIU 还解决了断网后等同摆设的监控装置的痛点。移康智能的 VEIU 智能可视门铃虽然可以远程连接无线网和智能手机，但门铃本身却不依赖于网络连接来进行工作。在外观上采用"猫的眼睛"的意向，直观体现出产品的功能：红外夜视技术，在黑暗中可清晰识别环境。两个产品均采用火山口的特征，过渡面微弧，外形圆润，融入家居环境（见图 4-14）。

图 4-14　EQUES 移康海外产品 VEIU 智能可视门铃（YoungDesign 设计）

第五节　显示装置设计

显示装置按信息的种类可分为视觉显示装置、听觉显示装置及触觉显示装置。其中，视觉显示用得最为广泛，听觉显示次之，触觉显示只在特殊场合用于辅助显示。听觉显示装置采用的信号有铃、蜂鸣器、哨笛、语言等形式，适于远距离信息显示，即时性、警示性强，能向所有方向传示且不易受到阻隔，但听觉信息与环境之间的相互干扰较大。视觉显示装置能传示数字、文字、图形符号，甚至图表、公式等复杂的信息，存储和延时保留信息方便，受环境的干扰相对较小，应用也更为广泛。对视觉显示装置的要求，最主要的就是使操作人员观察认读既准确、迅速又不易疲劳。视觉显示装置设计的人机工程学问题可概括为三个方面：①确定操作者与显示装置间的观察距离；②根据操作者所处的位置，确定显示装置相对于操作者的最优布置区域；③选择有利于传递和显示信息、易于准确快速认读的显示型式及与其相关的匹配条件（如颜色、照明条件等）。[26]

一、显示装置的观察距离

显示装置的观察距离与人的视距有关。视距是指人在正常条件下的观察距离。视距过远或过近都会影响认读的速度和准确性。同时，观察距离与工作的精确程度密切相关，应根据具体任务的要求来选择最佳视距（见表 4-1）。视距也影响着产品设计时其他诸要素的设计，如汽车仪表，汽车的信息显示需根据驾驶者的认读距离来确定其刻度、数值及指针的大小。

表 4-1　几种工作视距推荐值

工作要求	工作举例	视距（cm）	固定视野直径（cm）	备注
最精密工作	安装最小部件（表、电子元件）	12～25	20～40	完全坐着、部分依靠视觉辅助手段（放大镜、显微镜）
精密工作	安装收音机、电视机	25～35（多为 30～32）	40～60	坐或站
中等粗活	印刷机、钻井机、机床等旁边工作	50 以下	60～80	坐或站
粗活	粗磨、包装等	50～150	80～250	多为站
远看	黑板、开车等	150 以上	250～	坐或站

---

[26] 刘春荣. 人机工程学应用[M]. 上海: 上海人民美术出版社, 2004.

二、显示装置的布置

1．按仪表的重要程度排列

这与人的视野有关。由于人的视觉范围有限，因此为了使产品外在特征能够被人的视觉感知到，应尽量使产品信息清晰地显示在人的最佳视野范围内。常用的主要显示仪表应尽可能排列在视野中心 3°范围内；一般性显示仪表可安排在 20°～40°视野范围内；次要的显示仪表可布置在 40°～60°的视野范围内；对 80°以外的视野范围，因其视觉认读效率低，一般不宜放置显示仪表。如汽车速度表安排在最明显易见位置，油表、里程表按观察频率依次排布。

2．按使用顺序排列

应与仪表在操作过程中的使用顺序一致，同时，排列顺序还应注意仪表之间在逻辑上的联系。彼此有联系的仪表应尽量靠近，以提高认读效率和降低误读率。

3．按功能进行组合排列

仪表的排列应当符合操作活动的逻辑性。因此，仪表和相应的操纵器应按它们的功能用途分组，即把传递同一参数信息或与完成同一功能作用的一些仪表分组排列。

4．按视觉特性排列

按照人的视觉特性进行排列。仪表排列的水平范围应大于垂直范围；仪表的排列顺序和方向应遵循人眼自左至右、自上而下和顺时针方向圆周运动扫视的视觉特性；

排列应尽量紧凑；所在平面与人的正常视线接近于垂直。显示装置应设置在操作者正面视野内，根据机器的结构特点布置，如果机器较高，可以在垂直壁合适的位置上布置。如果机器较低，若布置在垂直壁上，操作及辨认均不方便，可使突出部分面板与垂直壁形成一个 30°的斜面，如图 4-15 所示的商务终端，就采用了有一定倾斜度的使用界面。

图 4-15　Keycorp 公司的电子付款终端

5．按最佳零点方位排列

在排列多个标量显示仪表时，应使其在正常工作状态下的指针全部指向同一方向。

三、显示装置的显示型式

1. 显示仪表类型

显示仪表的常见类型有刻度指针式仪表和数字式显示仪表,两者的特性和适用条件见表 4-2。两类仪表的不同优缺点,决定了它们不同的适用场合。当然,随着触摸屏技术的发展,更多的产品上运用了触摸屏,但其设计原则仍是相通的。在不少产品上,同时运用了刻度指针式仪表与数字式仪表,如图 4-16 所示的手表。

表 4-2　刻度指针式仪表与数字式仪表的性能对比

对比内容	刻度指针式仪表	数字式仪表
信息	读数不够快捷准确; 显示形象化、直观,能反映显示值在全量程范围内所处的位置; 形象化地显示动态信息的变化趋势	认读简单、迅速、准确; 不能反映显示值在全量程范围内所处的位置; 反映动态信息的变化趋势不直观
跟踪调节	难以完成很准确的调节; 跟踪调节较为得心应手	能进行精确的调节控制; 跟踪调节困难
其他	易受冲击和振动的影响; 占用面积较大,要求必要照明条件	一般占用面积小,常不需另设照明
应用	汽车上的油量表、氧气瓶上的压力表	计算器、电子表及列车运行的时间显示屏幕

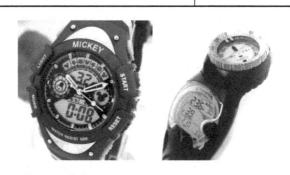

图 4-16　刻度指针式仪表与数字式仪表结合的两款手表

刻度指针式仪表有开窗形、圆形、半圆形、水平形、垂直形,各有优缺点和使用场合。垂直长条形仪表的误读率最高,而开窗式仪表的误读率最低(见图 4-17)。但开窗式仪表一般不宜单独使用,常以小开窗插入较大的仪表表盘中,用来指示仪表的高位数值。通常将一些多指针仪表改为单指针加小开窗式仪表,使得这种形式的仪表不仅可增加读数的位数,而且还大大提高读数时的效率和准确度。

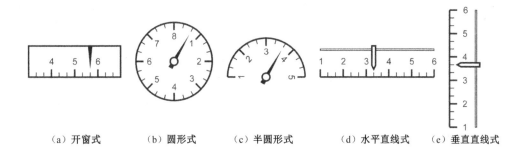

（a）开窗式　　　（b）圆形式　　　（c）半圆形式　　　（d）水平直线式　（e）垂直直线式

图 4-17　刻度指针式仪表的形式

2. 表盘设计

对于显示装置上的信息显示，依据视距来确定其表盘尺寸、刻度、数码字符等。仪表刻度盘尺寸选取的原则是基本保证清晰分辨刻度条件下，选取较小的直径。一般照明条件下，视距 L 一定时，刻度盘外轮廓尺寸≈（$L/23$）～（$L/11$），数码与字符高度≈（$L/250$），刻度间距≈（$L/700$）～（$L/300$），长刻度线长度=$L/90$；中刻度线长度=$L/125$；短刻度线长度=$L/200$。刻度线的宽度一般取间距大小的 5%~15%。当刻度线宽度为间距的 10%时，判读误差最小。

刻度值应标注整数，只标注在长刻度线上。刻度值按从左到右、从上到下，或顺时针方向递增。刻度线间不加区分的间隔数目以 1、2、5 倍累进。当要求指示精度较高时，每个刻度单位必须具有刻度标数。如果刻度过于稠密，可以每 5 个或 10 个刻度单位设一个标数。标数本身的规格尺寸不要多于 3 种（见图 4-18）。

图 4-18　表盘标数示例

在设计中，标数应置于指针不易遮挡的位置；一般大刻度标记必须标数，小刻度标记可以不标数；指针运动式仪表的标数应当呈竖直状态，仪表面运动式仪表的标数应沿径向布置，以保证标数在任何方向都正立显示（见图 4-19）；开窗式仪表窗口的大小至少应能完整显示当前刻度的标数，并应尽可能显示出当前刻度标数前后的两个标数，以便清晰显示运动的方向和趋势；圆形或扇形仪表的标数，应按顺时针方向依次增大，0位常设于时钟的12点或9点位置，以符合人的认读习惯。

指针用以指示仪表盘上的刻度标记，供人读数或显示状态。在设计中，指针的形状应有明显的指示性形状，一般以针尖指示的方向为准；针尖的宽度一般应与小刻度标记的宽度相同；指针与仪表刻度面之间的间隙应尽可能小，以减小不垂直观察时的投影误差。注意仪表中指针尖端是向下略为弯曲的，这样可以减小针尖与盘面之间的间隙，减小投影误差。

（a）高度表　　　　　　（b）航向指示表

图4-19　飞机仪表标数设计

3．颜色

对单色界面来讲，墨绿色和淡黄色仪表表面分别配上白色和黑色的刻度线时，其误读率最小。一般条件下，即无须暗适应下，以亮底暗字为佳；当仪表在暗处，观察者在明处，即需暗适应下，以暗底亮字为好。对彩色界面而言，其设计准则：[27]①非专业用户或不常使用显示器的用户，颜色限制在1~4种，最多不超过7种；②为了尽可能提高分辨能力，可以选择一些特殊的颜色来扩大两种颜色的波长间隔，但不要采用仅与某种主色的深浅程度有所差别的颜色；③避免同时显示高饱和度的极端颜色；④在大显示器边缘区域的小符号和小形状不应采用红色和绿色；⑤背景很大的形状最好采用蓝色（非饱和色），但蓝色不要用于文字、细线或小形状；⑥在相互靠近或有物体/背景关系的场合采用反差的颜色无一定的准则；⑦字母符号的颜色必须与背景颜色形成对比；⑧在使用颜色的时候，必须利用形状或亮度作为一种辅助提示；⑨颜色种类数增加，则标注颜色物体的尺寸也应增大。

[27] 王继成. 产品设计中的人机工程学[M]. 北京: 化学工业出版社, 2004.

第六节 操纵装置设计

操作者接受系统的信息并经中枢加工后，便依据加工的结果对系统做出反应。对于常见的人机系统，人的信息输出有语言输出、运动输出等多种形式。随着智能型人机系统的研究，人将可能会更多地通过语言输出控制更复杂的人机系统。但目前信息输出最重要方式还是运动输出，常见的操纵装置见图 4-20 所示。操纵装置按人体操作部位的不同，可分为手控操纵装置（如旋钮、按钮、手柄、操纵杆等）和脚控操纵装置（如脚踏板、脚踏钮等）两大类。

（a）自行车的曲柄驱动装置　　（b）汽车方向盘　　（c）燃气灶上的旋钮　　（d）汽车上的变速杆

图 4-20　常见的操纵装置示例

一、基本设计原则

（1）操纵器的尺寸、形状，应适合人的手脚尺寸及生理学解剖学条件。

操纵器在人机约束下所反映的外部特征主要体现在结构、形状及尺寸参数方面。选择合适的操纵器，即选择部件的种类，实际上就是确定部件的结构、形状。尺寸参数的确定与人的生理特点有密切关联，确切地说与操纵部位（如人手）有关，其生理特点决定了操纵件的尺寸必须控制在一定范围内。例如，普通按钮以手指操作，应以指尖的大小为依据，而像急停按钮需要手掌手指的共同操作来完成，尺寸要以掌心的大小为依据。

（2）操纵器的操作力、操作方向、操作速度、操作行程、操作准确度控制要求，都应与人的施力和运动输出特性相适应。

如在相同条件下，不同结构形式的脚踏板，其操纵效率是不同的。研究表明如表 4-3 中 1 号踏板所需时间最少。

表 4-3 不同结构形式脚踏板操纵效率的比较

编 号	1	2	3	4	5
脚踏板类型					
每分钟脚踏次数	187	178	176	140	171
效率比较	每踏一次用时最短	每次比1号多用5%的时间	每次比1号多用6%的时间	每次比1号多用34%的时间	每次比1号多用9%的时间

（3）在有多个操纵器的情况下，各操纵器在形状、尺寸大小、色彩、质感及安装位置等方面，尽量给予明显的区别，使它们易于识别，以避免互相混淆。

（4）让操作者在合理的体位下操作，考虑操纵器操作的依托支撑要求，减轻操作疲劳和单调厌倦的感觉。

肘部可作为前臂和手关节运动时的依托支点；前臂是手关节运动时的依托支点；手腕是手指运动时的依托支点。

（5）操纵机构的运动方向与被控制对象的运动方向及仪表显示方向保持一致。

这样的方式可使操作准确及时，也可简化培训过程，改善调节的速度和精度，并减少事故。

二、操纵器的识别编码

通俗地说，对一类事物进行编码，就是使其中每一事物具有特征或给予特定代号，以互相区别，避免混淆。考虑因素：用户在进行识别控制器时的所有要求；用户已经在使用的编码方式；用户工作区域的照明情况；用户识别时的速度和精确度要求；控制器可以放置的空间；需要编码的控制器的数量。

1. 形状编码

形状编码可以使不同操纵器具有各自不同的形状特征，便于识别，避免混淆。对操纵器进行形状编码时还应注意：形状对它的功能有所隐喻、暗示，即要与功能有某种逻辑上的联系，使操作者从外观上就能迅速地辨认操纵器的功能。同时，照明不良时也能够分辨，戴薄手套时能靠触觉辨别。手指按压的按钮表面往往呈凹陷轮廓，手掌按压的急停键表明采用蘑菇样球状凸起。例如，如图 4-21 所示的圆棒形离合器，给人以可被握取推动的暗示；如图 4-22 所示的圆形方向盘，给人以可以旋转的暗示。

图 4-21　圆棒形的离合器

图 4-22　圆形的方向盘

如图 4-23 所示是常用旋钮的形状编码。（a）应用于连续转动或频繁转动的旋钮，其位置一般不传递控制信息；（b）应用于断续转动的旋钮，其位置不显示重要的控制信息；（c）用于特别受到位置限制的旋钮，能根据其位置给操作者以重要的控制信息。

（a）连续转动旋钮　　　　　　（b）断续转动旋钮　　　　　　（c）位置限制旋钮

图 4-23　旋钮的形状编码

2．位置编码

把操纵器安置在不同位置，以避免混淆。最好不用眼看就能伸手或举脚操作而不会错位，如离合器、油门及刹车。但这种编码方式易混淆，如手机、ATM 机、计算器上的数字排序并不统一。

3．大小编码

大小编码，也称为尺寸编码，通过操纵器大小的差异来使之互相易于区别。由于操纵器的大小需要与人的手脚尺寸相适应，大控制器要比小一级的尺寸大 20% 以上，才能较快感知其差别，所以尺寸编码一般只能分为大、中、小 3 个档级。

4．颜色编码

一般只采用红、橙、黄、蓝、绿及黑、白等有限的几种色彩用于色彩编码。这种方式需要在较好的照明下，色彩编码才有效，一般不单独使用，通常要跟形状编码、大小编码组合起来，增强分辨辨识功能。色彩编码还要遵循技术标准的规定和被广泛认可的色彩表义习惯，例如，停止、关断操纵器用红色；启动、接通用绿色、白色、灰色或黑色。

5. 字符编码

以文字、符号作出简明标示的编码方法。字符编码量可以很大，是其他编码方式无法比拟的，如键盘上的按键。但字符编码要求较高的照明条件，不易快速识别，不适于紧迫的操作。

6. 操作方法编码

用不同的操作方法（按压、旋转、扳动、推拉等）、操作方向和阻力大小等因素的变化进行编码识别，通过手感、脚感加以区别。

编码方法虽多，还需选择使用得当。在产品使用这个特定的语境中，产品包含的每一种形状、颜色、肌理、操作方式之间的任意组合关系传达出特定的心理学意义。设计师若合理利用这些产品形态本身具有的天然符号属性，就可以获得恰当的语义传达目标。实践证明，使用者习惯凭直觉、经验及相关的视觉线索来分析判断如何操作产品。设计师也可通过人们已经熟知的形状、颜色、材料、位置等组合来表示操作，并使它的操作过程符合人的行动特点，同时提供操作反馈，使用户对产品的任何信息都能动地认识与把握。

三、操纵器布置的一般原则

1. 布置在手脚操作灵便自如的位置

手动操纵器应优先布置在手脚活动便捷、肢力较大的位置。手动操作的手柄、按键等操纵器，按重要性和使用频度进行分区布置，表 4-4 可供参考。

表 4-4　手动操纵器布置规则

操纵器的类型	躯体和手臂活动特征	布置的区域
使用频繁	躯体不动，上臂微动，主要由前臂活动操作	以上臂自然下垂状态的肘部附近为中心，活动前臂时手的操作区域
重要较常用	躯体不动，上臂小动，主要由前臂活动操作	在上臂小幅度活动的条件下，活动前臂时手的操作区域
一般	躯体不动，由上臂和前臂活动操作	以躯干不动的肩部为中心，活动上臂和前臂时手的操作区域
不重要、不常用	需要躯干活动	躯干活动中手能达到的存在区域

2．按功能分区布置，按操作顺序排列

以挖掘机、汽车吊等工程机械为例，有行车操作的操纵器，又有现场作业操作的操纵器，应把两者分区布置。同时依照操作的顺序、与肢体的优势活动方向排列操纵器，以便于操纵。

3．避免误操作与操作干扰

为避免操纵器间相互干扰和连带误触动，各操纵器间保持足够距离，操纵器不安置在胸腹高度的近身水平面上。总电源开关、紧急刹车、报警等特殊操纵器应与普通操纵器分开，标志明显醒目，尺寸较大，安置在无障碍区域。操纵器及其对应的显示器虽宜于相邻安置，但需避免操作时手或手臂遮挡了观察显示器的视线。

4．显示器与控制器呈一一对应关系

当既有显示器又有控制器时，两者应有一一对应关系。

四、控制台布置

由显示装置和操纵装置组合而成的作业单元称为控制台（工作台）。从人机关系看，控制台与显示器、控制器及作业空间都密切相关，与人体尺度密切相关，与人的健康心理等因素相关，应综合考虑。一个优良的控制台必须使作业者能方便而迅速地完成作业任务，同时也使作业活动安全可靠、舒适方便。本节主要介绍控制台的布置，而控制台的工作空间设计可参看第六章。

1．布置顺序

对于作业场所而言，如果显示与控制器众多，就不可能使每个元件都处于其本身理想的位置。这时，就必须依据重要性原则、使用频率原则、功能原则、使用顺序原则来安排。通常，重要性和频率原则主要用于作业场所内元件的区域定位阶段，而使用顺序和功能原则侧重于某一区域内各元件的布置。

控制台布置考虑顺序依次为：A.主显示器；B.与主显示器相关的主控制器；C.控制与显示的关联（相合性）；D.按顺序使用的元件；E.使用频繁的元件应处于观察与操作方便的位置；F.与本系统或其他相关系统的布局一致。

2．显示装置与控制装置的匹配

操纵器的操作运动与显示器或被控对象，应有正确的互动协调关系。匹配是人机工学领域所谓的"反应一致性"的基础，要想达到反应一致，就必须尽可能地保证控

制器与控制对象之间存在直接的空间位置关系。此种互动关系应与人的自然行为倾向一致。自然匹配可以减轻记忆负担。设计人员应当利用自然匹配，确保用户能看出下列关系：操作意图与可能操作行为之间的关系；操作行为与操作效果之间的关系；系统实际状态与用户通过视觉和触觉所感知的系统状态这两者间的关系；所感知到的系统状态与用户的需求、意图和期望之间的关系。

这就要求，操控主从运动方向一致并相互协调，如图 4-24 所示。运动方向一致即要求被操纵对象向右运动，则操作方向也向右；其他向左、向上、向下、向前、向后、顺时转、逆时转等均相同。若操纵器与被操纵对象离得很近，"主从运动方向一致"将体现为两者临近（相切）那个点都向同一方向运动。操纵与某些功能要求存在协调关系，向上、向右、向前的操纵代表着开通、增多、提高、起动等功能要求。

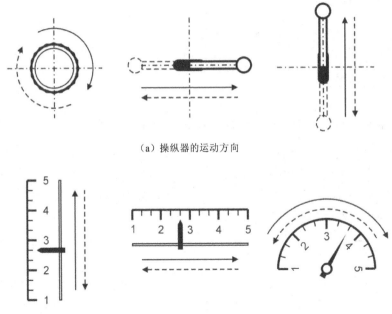

（a）操纵器的运动方向

（b）相应的显示器的指针运动方向

图 4-24　显示装置与控制装置的匹配

若存在多个操纵器和多个操纵对象，操控主从在空间上要存在一一对应关系。如果做不到这个程度，则提高两者的顺序对应性。如果还做不到，可用图形符号、文字或指引线等进行标志，以改善主从协调关系。如图 4-25 中的燃气灶，旋钮与炉膛的排列方式没有很好的匹配性，用户容易混淆。而图 4-26 中的燃气灶通过线的指示，用户一看便知。也可用带指示灯的按钮，把操纵和显示功能结合起来。

图 4-25　容易误操作的燃气灶图

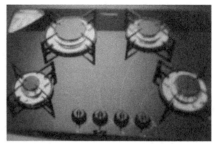

图 4-26　易理解的燃气灶

　　同时，还应遵循右旋螺纹运动的规则（见图 4-27），也就是在空间任意方向，右旋运动对应着"前进"、"向前"，正逐渐成为人们的一种潜意识。因此，符合按右旋运动规则的操控主从关系一般是协调的。

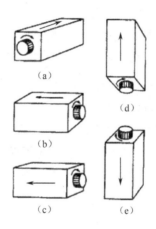

图 4-27　符合右旋螺纹规则的主从关系

第五章

手工具设计

　　手的构造是非常复杂的，既能做出精确的操作，又能使出很大的力，被誉为人体中最为灵巧的部位。但手上神经、血管密布，如果产品设计不合理，让手负担过重或者受到挤压，极易使手受伤害，损伤结构。虽然手工具的发展历史悠久，但总体来说落后于人类文明的进程。在 20 世纪 50 年代，芬兰设计师 Olaf Backstrom 研究了剪刀的设计，例如，他注意到，像裁缝、设计师和艺术家往往长时间使用剪刀，结果他们手上生出了水泡和老茧。他因而在 20 世纪 60 年代为 Fiskars 设计了 O-Series 系列剪刀（见图 5-1）。这些剪刀有一个四个手指能一起抓握的长矩形把手，以及一个拇指稳稳固定住的手指洞。那些传统的剪刀设计让用户每根手指都伸进一个洞中，使得用户的手指和把手边缘产生压力，也导致了水泡。

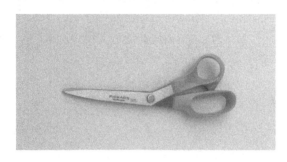

图 5-1　Olaf Backstrom 为 Fiskars O-Series 系列剪刀之一

　　在同时代，捷克的雕塑家和设计师 Zdenek Korvar 也进行了大量的手工具人机研究。他醉心于研究工厂员工手受伤和起泡的起因。他创造了让工人使用现有产品（如锤子、气钻等）的用户测试方法。在让工人使用产品前，Korvar 在产品外面包裹了一层柔软的灰泥护套。工人使用后，他通过查看工人们手掌留下的印痕，找到适合手部抓握的把手的基准。

各种手操作器具的设计，需要就解剖学、运动机能、人体测量、生理等各方面的知识加以考虑；因此，手工具的设计绝不可孤立于其他相关条件。近代工业设计的观念推动了工具的改善，但应用人机学的方法研究和改进工具，仍是值得关注的课题。

第一节 手工具的人机学因素

一、手部控制部位的尺寸

在声控及其他非接触式智能控制技术充分发展之前，手足尤其是手动操纵，是主要的操纵方式。人体手部尺寸是手工具尺寸设计的基本依据。国标 GB / T 10000—1988 给出了中国成年人的手部基本尺寸和足部基本尺寸。[28]在国标 GB/T 16252—1996《成年人手部号型》中，把除手长、手宽外的其他手部尺寸项目称为手部控制部位尺寸，并以手长和手宽两个参数的回归方程的形式，给出了 20 个手部控制部位尺寸的计算公式。

其中，长度类尺寸均以手长为回归方程的自变量，宽度、围度类尺寸均以手宽为回归方程的自变量，可以查询表格获得相应的回归方程式。如想要计算女子 5 百分位数的掌厚，可由国标 GB/T 16252—1996《成年人手部号型》查得，女子掌厚的回归方程为：$Y=9.23+0.21X_2$，式中，自变量 X_2——女子手宽。从国标 GB / T 10000—1988 手部尺寸中查得女子 5 百分位数的手宽为 $X_2=70mm$，代入上式，即得到女子 5 百分位数的掌厚为：$Y=9.23+0.21 X_2=9.23+（0.21×70）=24.14mm$。

二、上肢解剖与活动

1. 手臂

前臂的桡骨和尺骨都是与上臂的肱骨相连接。上臂的二头肌连接在桡骨上。当手臂屈曲时，二头肌会把桡骨有力地向肱骨牵拉。肱二头肌、肱肌和肱桡肌收缩时主要是产生前臂屈曲的动作，而三头肌、肘肌的作用则是延伸。[29]前臂的动作有内转和外转运动两种，皆由远侧桡尺关节控制。内转的主要作用肌群为内旋肌，外转的主要

[28] 阮宝湘. 工业设计人机工程（第 2 版）[M]. 北京: 机械工业出版社, 2010.

[29] 孙守迁, 徐江, 曾宪伟, 等. 先进人机工程与设计——从人机工程走向人机融合[M]. 北京: 科学出版社.

作用肌群则为外旋肌。手指的屈曲运动由前臂肌肉所调节，通过腕部的连接、手部关节的配合及手部内部肌群的协调运作，完成各种复杂的手工作业（见图 5-2）。控制腕部运动的肌群为手部提供两项功能，即手部的初步定位和腕部的稳定，以作为手部的工作台面。

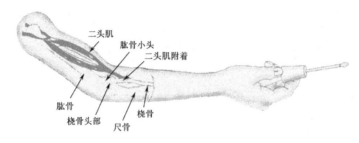

图 5-2　肘关节处的肌肉骨骼关系

2．腕部

手的力量很少源于手本身的肌肉，大鱼际肌牵动拇指是为数不多的用手部肌肉产生的力量，绝大多数力量产生于前臂的肌肉。通过一些肌腱把前臂肌肉力量传递到手指上。这些肌腱从前臂肌肉开始，通过横腕（许多穿过腕管），通过手掌并最终到达手指。腕部（腕关节）为一个构造相当复杂的关节，其中包括了许多的肌腱、神经与血管，以支持手部的一切活动。腕道位于手腕的空穴，是一条由许多小骨骼和韧带所组成的管道，这条管道的一边是手背骨骼，另一边则是横腕韧带。通过腕道的组织包括桡动脉、尺动脉和正中神经等一大束脆弱的解剖结构。此外，还包括通过横腕韧带外面与腕部豆状骨内侧的尺动脉和尺神经。负责手掌抓握的肌腱和正中神经通过腕道，而负责展开手掌的外展肌腱则行经手腕背部。腕关节的运动均非由单一的肌肉所控制，经常是由两个以上的肌群共同控制。腕部的生理结构如图 5-3 所示。

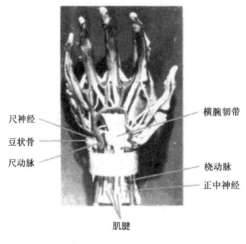

图 5-3　腕部生理结构

腕部是手部功能的关键，其运动非常复杂。腕关节的骨骼与前臂的尺骨和桡骨相互连接，桡骨连接于手腕拇指侧，而尺骨则连接于手腕小指侧。腕关节活动主要有两个自由度：①向手心或手背方向的转动，称为掌侧屈、背侧屈；②向拇指或小手指方向的转动，称为桡侧偏、尺侧偏。腕关节的活动范围如图 5-4 所示。

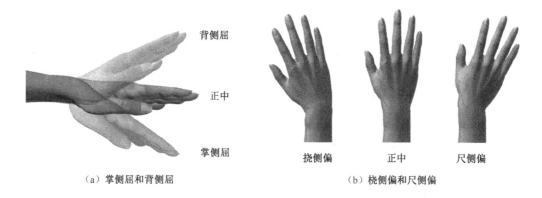

（a）掌侧屈和背侧屈　　　　　　　　　（b）桡侧偏和尺侧偏

图 5-4　腕关节的活动范围

3．手掌

手掌是一个多功能、敏感且动作精确的器官，主要是由骨骼、血管、神经、肌肉、韧带和肌腱等所构成。手掌的生理特点是：掌心部位肌肉最少，指骨间肌和手指部分是神经末梢满布的区域。而指球肌、大鱼际肌、小鱼际肌是肌肉丰满的部位，是手掌上的天然减震器。手指伸开、握拢全靠肌肉的拉力来实现，因此，手指的屈拢必然靠肌肉从掌心这一边来拉动，手掌面表层多为"屈肌"，而手指的伸开，只能是靠肌肉从手背一边来拉动，手背面表层多为"伸肌"。腕关节各方向的偏转活动，也同样靠肌肉的拉动才得以实现，这些肌肉重叠交错，如果手臂扭曲、手腕偏屈，使各肌肉束互相干扰，将影响这些肌肉顺利发挥其正常功能。与手掌相连的指关节活动有握拳或伸开的伸屈活动，指间张开或并拢的张合活动。不与手掌相连的指关节只能作伸屈活动（见图 5-5）。

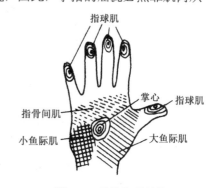

图 5-5　手掌生理结构

三、手部累积性伤害

累积性伤害（Cumulative Trauma Disorders，CTD）是慢性肌肉骨骼伤害所引起的病变。美国劳工部劳动统计局报告说，累积性伤害这种职业病的患病率从 1981 年的 18%上升到了 1993 年的 63%，累积性损伤也因此被认为是增长最快的职业病。在一些特定的行业（如肉食加工，包装行业），腕关节的累积性损伤是个严重问题，已达到了流行病的程度。

1. 生物力学的风险因素[30]

上肢的累积性伤害风险因素已经在不少文献中有记载。大多数风险因素有一个生物力学基础。首先，倾斜的手腕姿势会减少腕管的体积，从而增加了肌腱间的摩擦。此外，手腕姿势偏离它的中间位置时握力显著降低。如图 5-6 所示握力的大小会随着手腕的偏离中间位置而衰减，当手腕弯曲时肌肉必定为不良工作状态，这种偏离还更容易引起累积性伤害。

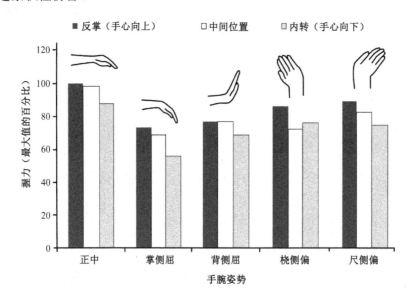

图 5-6　手腕和手掌位置与手部的抓握力

其次，提高频率或重复性的工作周期也是引起累积性伤害的危险因素之一（Silverstein 等人，1996、1997 年）。有研究表明，手腕运动频率的增加提升了 CTD 产生的风险。少于 30 秒内要求再做一次的重复性运动被认为是造成累积性伤害的潜在因素。增加的频率增加了肌腱内的摩擦力，从而加速了累积性伤害。

再次，在一个工作循环中，手掌和手指所施加的力已被确定为又一个累积性伤害的风险因素。一般来说，工作中要求用力越大，产生 CTD 的风险更大。手掌施力越大，手腕压力越大，手腕内的摩擦力也就越大。另一个与力有关的因素是手腕加速度。

[30] Gavriel Salvendy. Handbook of Human Factors and Ergonomics [M]. 3rd ed. John Wiley & Sons, Inc. 2006.

工业监测的研究报告表明，重复性工作产生更大的手腕加速度，更易于产生 CTD。

最后，手掌的正中神经是非常薄弱的部分。因此敲打或用手掌敲击对象而压迫手掌的正中神经，即使不是重复性工作也易引发累积性伤害。

2．常见累积性伤害

常见的累积性伤害如表 5-1 所示。在使用手动工具时，用力施力部位主要集中于工作手臂，从手掌、手腕、前臂、上臂、肩至颈部，因此，工作者患有 CTD 的病症也常常集中在这些区域，如扳机指、腱鞘炎、腕道症候群、肩关节腱鞘炎及电动工具伴随的震动所产生的白指症等。导致累积性伤害的主要原因可归纳为不良的手腕与肩膀姿势、过度的手部施力、高频率的重复运作、长时间作业和休息时间不足等。

表 5-1 常见累积性伤害

作业状态	易发积累伤害
经常或偶尔性的手部重复性活动； 手腕重复性弯曲或过度伸展，尤其是同时还需要用力紧握的情形； 手掌底部和腕部经常受到重复性压迫	腕道症候群（carpal tunnel syndrome，CTS）
每小时超过 2000 次的操作活动； 突发性不熟悉的作业活动； 单一或重复性的局部压力； 快速、强力的重复移动； 手腕重复性桡偏现象，尤其在拇指需同时过度施力的情况下； 手腕重复性尺偏现象，尤其在拇指需同时过度施力的情况下	德奎缅疾病（de Quervain's disease）：桡骨外展肌、屈指伸肌肌腱炎和腱鞘炎
过度地弯曲手腕； 手腕尺偏向外旋转动作； 手腕桡偏向内旋转动作； 偶尔地突然或大力使用肌腱或关节	手指曲肌肌腱鞘炎； 手指伸肌肌腱鞘炎； 上踝炎； 腱鞘囊炎
手腕伸展重复性操作状态； 手腕重复性扭曲； 手掌或手指神经与工具接触高频率的震动	手指神经炎

第二节　操纵把手的设计

一、把手设计基本要点

英文中的 Handle，可以作为名词"把手"或"动词"抓握。在作名词"把手"时，作为一种实物，是用户与产品之间的连接点。不管是自行车上注塑成型的车把手，还是茶壶上复杂的环形把手，都是认知心理学家称为自解释性的例子。一个经过深思熟虑设计的把手抓在手里很舒服，而设计很烂的把手则会让人硌着疼、不舒服。[31]长期使用不合理的操作把手，还会使操作者产生痛觉，手部出现老茧甚至变形，并可影响劳动效率和劳动质量。Handle 作为动词时，意思是用手触摸、感受或操作。设计合理的把手，使得用户可以摸、抓、拿、推、挤或其他的操作来达成他们自己的目的。设计合理的手把，应考虑下述几点。

1．把手的形状应与手的生理特点相适应

工具的把手部位应该尽量设计得具有较宽阔的接触面，以便将压力分散到较大的区域（见图 5-7）。为得到较大旋拧力矩，螺钉旋具握把的外轮廓应做出凹凸纹槽，纹槽的转折处应光滑圆润不硌手。不同纹槽把手旋拧力矩的对比如图 5-8 所示。

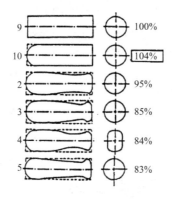

图 5-7　把手形状设计与所需握力

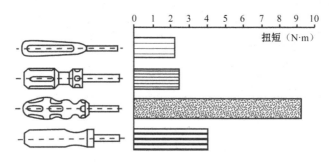

图 5-8　不同把手对应的旋拧力矩

由于掌心部位肌肉最少，指球肌、大小鱼际肌是肌肉丰满的部位。手把设计应该避免紧贴掌心，着力面宜落在较不敏感的区域，诸如拇指与食指间坚韧的肌肉组织，而让大、小鱼际肌承受较大的压力。大、小鱼际肌有良好的减振作用，可缓解震动波

[31] Patrick W. Jordan. Designing pleasurable products [M]. Taylor & Francis Ltd, 2000.

向肘关节、肩关节的传递和影响。手掌上"虎口"处皮质坚韧，可以承受较大的力量。

2．把手尺寸应符合人手尺度的需要

把手上用于握持、触压、抓捏、抠挖部位的尺寸，应与人手尺寸相适应。长度必须接近和超过手幅的长度，使手在握把上有一个活动和选择的范围。握把长度取决于手掌宽度。掌宽一般为71～97mm（5%女性至95%男性数据），故合适的把手长度为100～125mm。

把手的径向尺寸必须与正常的手握尺度相符或小于手握尺度。若太粗则握不住，太细则肌肉会过度紧张而疲劳。把手的结构若能保持手的自然握持状态，以使操作灵活自如。把手尺寸取决于工具的用途与手的尺寸。螺丝起子的直径大可增加扭矩，但太大会减小握力，降低灵活性与作业速度，并使指端骨弯曲增加，长时间会导致指端疲劳。着力抓握的起子直径宜为 30～40mm，而精密抓握的宜为 8～16mm。着力抓握，把手与手掌接触面积越大，则压应力越小，因此圆截面把手较好。为防止与手掌之间的相对滑动，可采用三角形或矩形，可增加工具放置时的稳定性。

双握把工具应使抓握空间的大小与手的尺寸和解剖适应（见图 5-9）。若两握把大体上互相平行，则其间的距离以 50～60mm 为佳。对于两握把成一定的夹角时的捏握力，图为抓握空间与扭握力之间的关系（欧美人群数据）测试，表明：适于女性的抓握空间为 60～80mm，适于男性的为 70～90mm。

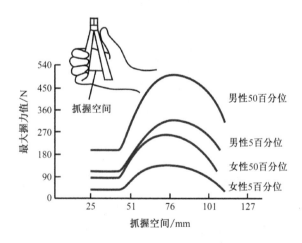

图 5-9　双握把工具的抓握空间与扭握力

3．把手的形态材质应易识别，使用舒适

把手形状尽量反映其功能要求，同时还要考虑操作者戴上手套也能分辨和方便操作。手的握持部位不得有尖角、锐棱、缺口，持握牢靠、方便、无不适感。式样应便于使用，便于施力。有定位的操纵器，应有标记或止动限位机构，必要时应设置自锁、连锁等机构。形状最好能对功能有隐喻、暗示，以利于辨认和记忆。

Cimzia 是那些遭受风湿性关节炎（RA）用户使用的药物治疗（medication）。RA 病人对尖锐形状非常敏感，而且他们的手部力量只有健康人的 25%～30%。Smart Design 制作了无数的原型，来提高病人的体验（见图 5-10）。三根手指夹住的凸缘和柔和的巨大的拇指按垫减少了接触点，活塞使用户可产生更有效的力量，产品可以适用 14 种不同的抓握方式，椭圆形的管桶可防止抓握时转动，环形针盖容易拿执，发亮的形状最小化了弹回的可能，也就有利于防止意外卡住。产品显而易见的舒适和易用更证明了它的可用性。

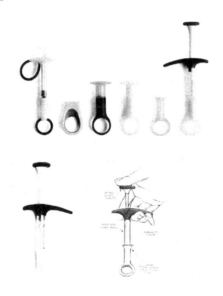

图 5-10　Cimzia 药物治疗器把手设计

4．把手设计的情感体验

把手外表面也可有触觉愉悦，这种感官愉悦不仅仅是产品的外形，也包括使用的材质属性。飞利浦的 Philishave 剃须刀，抓握起来非常舒服，不仅仅因为它漂亮的有机形态，也因为形成产品主体的材料中使用了橡胶样的硅材质，并配合亚光塑料表面处理。在剃须刀的产品例子中，产品紧贴面部产生的愉悦感也同样重要，毕竟，疼痛、伤痕或切口都会让用户不满。许多人希望获得更多产品的反馈，喜欢精确的感觉，而不喜欢软湿按钮的不精确感觉。精确的手感给用户一种能掌握情况的感觉。比如，铅笔底部一圈可抓握的硅胶塑料复合物（silicon-rubber composite）赋予铅笔知觉品质（sensorial qualities），给予用户掌控感，体现了设计师和制造商试图运用材料与表面处理达到提供愉悦的触觉的目的。

Sabi HOLD 是一种帮助人们进出浴盆或淋浴间的浴室把手。这种容易安装的固定装置也具备挂淋浴头的功能，将它与淋浴间的装饰整合起来。如图 5-11 所示的这些原型展现了设计师在形成 HOLD 的平和的曲线形态之前，如何寻找一种多样化的把手形状。最终的产品抓握起来很是舒服，让人可以凭直觉使用，而避免参考惯用的抓握杆（见图5-12）。70%的浴室摔倒事故都发生在进出浴盆或淋浴间时，抓杆成为一种防跌倒项目的重要特征。研究表明，一般用户在进出淋浴间时用抓杆来保持稳定，而不是用来站起、蹲下。

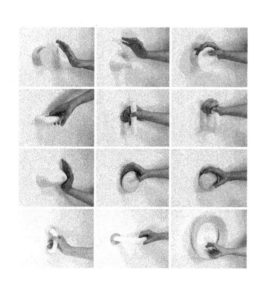

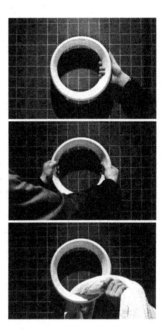

图 5-11　Sabi HOLD 浴室把手的方案探索　　图 5-12　Sabi HOLD 浴室把手的最终方案

二、手套的影响

手套的使用也可以显著影响握力的产生，并可能引发累积性伤害。当在工作中戴着手套时必须考虑三个因素。

第一，产生的握力往往降低。通常情况下，当戴手套工作时，往往减少了 10%到 20%的握力。手套减少手和工具之间的摩擦系数，导致手在工具表面滑动。这种滑动可能会导致偏离理想的肌肉长度，从而减少可用力量。

第二，甚至是外部施加力时，内部的肌肉力量跟是否戴手套也有很大关系。比如给定一抓力，戴着手套时肌肉活动与光手相比明显增加（Kovacs 等人，2002 年）。因此，戴着手套时手在手套内经常会滑动，从而改变肌肉的长度—强度间的关系，肌肉骨骼系统变得低效率。

第三，戴手套时显著影响执行任务的能力。如图 5-13 显示了与不戴手套相比，手套采用不同材料时执行工作所需增加的时间，这张图显示了当戴手套时，需要增加高达 70%的时间来完成任务。

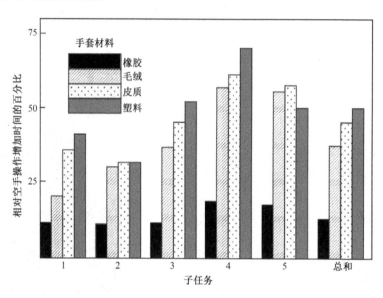

图 5-13　戴四种不同材质的手套与不戴手套相比完成任务增加的时间

这些使用手套的负面影响并不意味着在工作中不应戴手套。当对手的保护是必需的，应将手套作为一个解决方案。如果需要保护的是手掌而不是手指，使用一副无指手套可能会是一个可接受的解决方案。如果手指需要保护，而手掌几乎没有风险时，可用胶带/布缠绕手指的方式保护。此外，不同的风格、材料和大小的手套适合不同的工人。因此，不同的制造商提供给工人不同的手套，会尽量降低上面提到的负面影响。手套的设计和材料能影响力量的发挥，如氯丁（二烯）橡胶手指灵活性降低较少，但保暖性很差。

三、案例：OXO 削皮器把手设计

OXO 厨房工具产生于退休设计师 Sam Farber 与他的妻子 Betsey Farber 想一起制作一种具有厚实的、容易抓握的手柄的厨房工具。Betsey 得了关节炎，使得她每次使用蔬菜削皮器时，手腕非常疼痛。Sam 之后就参与到 Smart Design 团队中，一起开发 OXO 易抓握的厨房用品产品线（见图 5-14）。

设计团队创造了几十种材料制成的手柄原型，包括木材、橡胶、塑料和泡沫。设计师将这些原型放在桌上一字排开进行测试与探索，让团队成员一直拿起来尝试抓握。其中，木质和塑料原型是标准的橡胶自行车把手，那些橡胶把手最终成为产品线的主要灵感。最终方案采用了大尺寸的椭圆截面手柄，抓握舒服。前端两侧有鳍形刻槽，使食指和拇指触觉舒适，手柄也显得轻巧，薄的鳍形刻槽

图 5-14 OXO 削皮器不同材料、形状的把手尝试

也显示了很高的加工工艺水准。把手尾部有大直径坡面的埋头孔，用于悬挂，也改变了整体笨重的形象而增加了美感，还有助于减少原材料的用量。把手采用合成弹性氯丁橡胶，在表面粘水时仍有足够的摩擦力（见图5-15）。OXO 牌厨房工具现在包含各种产品，包括针对小孩的医用工具和设施。丰满的、黑色橡胶手柄成为好用、易用的标志。OXO 采用了通用设计的核心原则：提高那些丧失某些能力的用户的可用性，也提升了那些有正常能力的用户的体验。

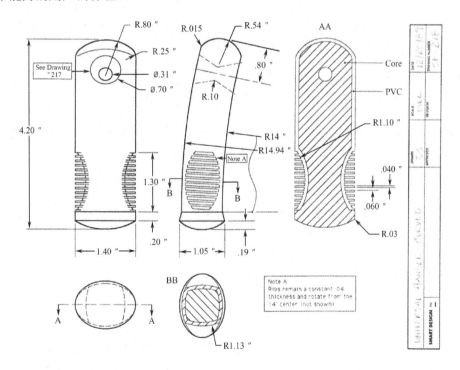

图 5-15 OXO 削皮器把手设计最终方案（单位：英寸）

第三节　手工具设计原则

一、手工具设计原则

手工具的基本功用是延伸手的能力，使手更具冲击力、更具抓握力、更具扭力、具有新的机能。如前文所述，有诸多因素会影响到手腕的生物力学，并具有相应的累积性伤害风险。适当的人机工学设计的工具是将工人的能力匹配工作场所设计相关，考虑工作场所设计和任务需求下的符合人机工程学的工具。因为采用了另外的工作姿势，在某一个工作场景下舒适的人机工程学工具，可能在另一场景下并不合适。因此，工作场所应小心设计，考虑各种生物力学的权衡时，必须注意工作的体位及姿势。

鉴于这些情况，在设计一个尽量降低累积性伤害的手工具时应考虑以下因素。

（1）手工具的大小、形状、表面状况应与人手的尺寸和解剖条件适应。

（2）使用时能保持手腕顺直。手腕顺直的姿势是放松的手腕姿势，有轻微的拉伸（能优化前臂肌肉的长度—强度的关系），而不是一个僵化的线性姿势。

（3）为安全和避免损伤，产品的使用应确保作用力施加在手的不易受伤害的部位上。避免掌心受压过大，尽量由手部的大小鱼际肌、虎口等部位分担压力。

（4）避免手指反复的弯曲扳动操作，避免或减少肌肉的"静态施力"。使用手工具时的姿势、体位应自然、舒适，符合手和手臂的施力特性。

（5）工具使用中不能让同一束肌肉既进行精确控制，又使出很大的力量，即负担准确控制的肌肉，和负担出力较大的肌肉应该互相分开。

（6）重视手套使用，注意照顾女性、左手优势者等群体的特性和需要。

（7）手工具与手操作器具的设计，应足以保证操作的安全，包括要消除被箝夹挤压伤和尖锐边角刺割伤等的危险。

二、手工具设计原则的几个具体应用

1. 改进把手角度形制，使操作时腕部顺直

改进铜丝钳形制，使操作时腕部顺直对称形制的传统钢丝钳与改进钢丝钳的对比。使用中手腕解剖的差别（见图 5-16）。工人们长期使用后的不同结果（见图 5-17）。可见使用手工具中保持手腕顺直状态的重要。一般认为，将工具的把手与工作部分弯

曲 10° 左右，效果最好。

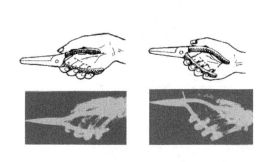

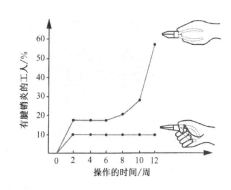

图 5-16 钢丝钳传统设计与改进设计　　图 5-17 两种钢丝钳使用者中腱鞘炎患者比例

　　顺直操作时，腕关节处于正中的放松状态，但当手腕处于掌屈、背屈、尺偏等别扭的状态时，就会产生腕部酸痛、握力减少，如长时间这样操作，会引起腕道综合症、腱鞘炎。如图 5-18 所示的 Ergon 自行车把手设计中，凭借解剖学上的理想设计，Ergon 把手提供了 100%的接触面积，而常规把手提供的接触面积只有大约 60%，减少了单位面积手部压力。此外，使用 Ergon 把手时手腕能基本保持顺直，减少了腕道综合症、腱鞘炎产生的可能性。

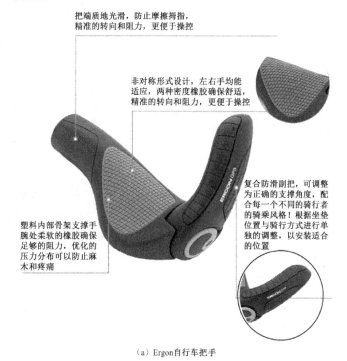

把端质地光滑，防止摩擦拇指，精准的转向和阻力，更便于操控

非对称形式设计，左右手均能适应，两种密度橡胶确保舒适，精准的转向和阻力，更便于操控

复合防滑副把，可调整为正确的支撑角度，配合每一个不同的骑行者的骑乘风格！根据坐垫位置与骑行方式进行单独的调整，以安装适合的位置

塑料内部骨架支撑手腕处柔软的橡胶确保足够的阻力，优化的压力分布可以防止麻木和疼痛

（a）Ergon自行车把手

图 5-18 Ergon 自行车把手设计

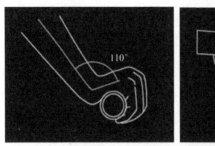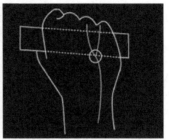

（b）原有车把把手设计问题：腕管综合症、尺骨神经受压

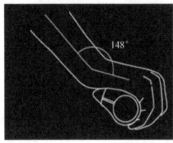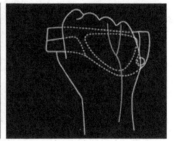

（c）Ergon自行车把手解决方案

图 5-18 Ergon 自行车把手设计（续）

2. 避免手指反复的弯曲扳机操作

从手指（通常是食指）解剖看，不适于反复的弯曲扳动操作，多次反复后容易丧失操作的灵活性，甚至导致手指的疾患。对于如图 5-19 所示工具，把食指弯曲操作改为拇指按压，使用将便利得多。

微软公司的 Natural Wireless Laser Mouse 6000 引入手腕自然侧立"握鼠"的概念，因为人手天生就是有一定的侧倾角度的。其垂直式的右边缘设计，让整只手可以更加放松的侧置于桌面，手腕根部的压力得到舒缓，在长时间操作鼠标时腕骨疲劳感得到缓解；高曲度设计和球状表面造型，贴合用户的手掌；内凹的大拇指窝，也随着握姿的改变被显著抬高，以保持手指的自然姿势（见图 5-20）。

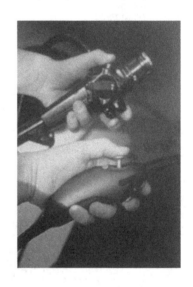

图 5-19 拇指按压操作优于食指弯曲操作

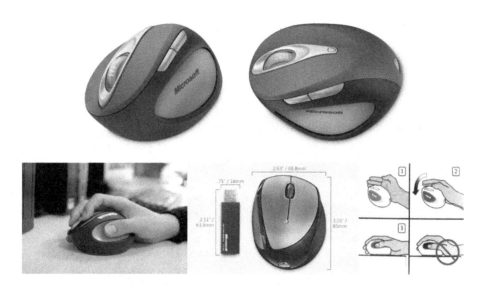

图 5-20　Natural Wireless Laser Mouse 6000 人机工程学鼠标设计

3.　避免静肌负荷

一般来说，操作中肌肉交替地进行了收缩与舒张，称为肌肉的动态施力工作，肌肉施力做了有用功。若操作中肌肉处于紧张收缩出力状态，却没有完成有用功，则为肌肉的静态施力。静态施力的时候，肌肉持续收缩紧张，需要加大供血以补充养分和氧气，但肌肉持续紧缩着，阻碍了血液循环，导致供血不足，也阻碍代谢物的及时排出，引起酸痛、颤抖。手工具应避免或减少静态施力，这是关系手工具优劣的重要一条。比如图 5-21 中弯柄式刀具、倾斜角度的电钻在使用时手腕顺直，减少了上臂的静肌负荷。

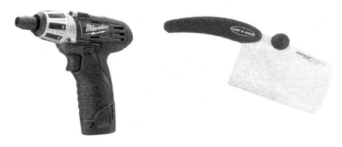

图 5-21　手工具设计对作业姿势的影响

4.　使负担准确控制的肌肉和用力较大的肌肉互相分离

譬如举刀使劲剁一块排骨，想让第二刀还落在第一刀的口缝里是很不容易的。图 5-21 所示手电钻侧面加了一个辅助小把手，钻孔时，一只手主要掌握方向，另一只手在小把手上使劲往下压，操作就方便了。让用力与控制分离，减少精细控制的操作，将操作进行尽可能的简化与合并，利于肢体施力。

5．顾及女性，左手优势者等人群的需要

顾及女性的需要，主要指工具的尺寸、操纵力适合女性的条件。女性的平均手长比男性短约 20mm，握力值也只有男性的 2/3。女性专用工具还应考虑其造型符合女性审美特点。

让少数群体左利者也有适用的工具，是社会文明进步的标志，更是人机学工作者的一种职业责任。适合左手优势者的工具有两种类型：一种是左手专用品，另一种是通过简单变换让右利者、左利者都便于使用，如图 5-22 所示电动工具。

图 5-22　控制与用力分离、左右手都适用

6．注意产品的使用安全

在可能夹到手部的接触点，宜有止进装置（guard）或制动装置（stop）的设计。动力工具则必须具备制动装置，以便快速制止锯片或钻头的运动。动力开关的位置也必须快速执行开或关的操作。Fiskars 公司也一直致力于工具的人性化设计，成为世界三大剪刀制造公司之一，针对不便使用与抓握和操作能力相关的手用工具的关节炎患者。左右手都能很好地使用，宽大、软质的抓握部位可以更好的分配掌上的压力。有一个可以使其闭合的锁和一个可以使其自动张开的弹力装置，改变了传统剪刀修剪时需手动撑开的情况，减少了很多重复性劳动和累积性伤害的风险（见图 5-23）。

图 5-23　Fiskars 公司的"软接触剪刀"

第六章

工作空间与工作岗位设计

第一节　工作空间设计的人机要求

工作空间，又称作业空间，其主要设计要求包括人体测量学要求和视野、视距等人体视觉机能的要求，以及人身空间和领域等心理要求。工作空间的设计以实际的作业分析为基础，遵循"以用户为中心"的原则，应符合人们的心理认知，有效预防工作人员因错误操作、安全信号警戒性下降等发生的工伤事故。[32]

从心理学角度上讲，人对工作空间的大小、人与物体等之间的距离都有心理上的需求。过度狭窄的工作空间使人感到心理压抑，容易造成不良生理反应；杂乱无章的工作空间则容易使操作人员出错，情绪低落，降低操作效率。

从生理的角度上讲，工作空间应该适应人的身体尺寸的空间要求。比如说，流水线上的工作人员每天 8 个小时的工作时间，基本都是坐在椅子上，如果椅子的高度低于工作人员的身体要求，那么就使得工作人员的肩部、背部等肌肉长时间处于收缩状态，从而造成身体的负担甚至病痛。由于生理上的条件限制，不合理的设计造成的不自然的工作姿势都会对工作人员造成不必要的负担。

因此，工作空间设计时要全面考虑工作人员生理和心理的要求。

---

[32] 丁玉兰. 人机工程学[M]. 北京: 北京理工大学出版社, 2011.

一、工作空间人体尺寸

设计工作空间时，要综合考虑人体测量的静态尺寸（结构尺寸）与动态尺寸（功能尺寸）。

首先，测量数据的选取应该考虑到身体各部分的关联和影响。由于工作空间的设计基于工作的实际过程，因此，应在静态数据的基础上，考虑身体之间的联系，结合功能尺寸进行设计。

其次，在设计时，应运用国标（GB）等统计数据使工作空间可以满足群体人体的需要。相同生活领域、年龄、性别、种族的范围内，存在着相似的共同特点，虽然人体的尺寸存在着一定程度的个体差异，但使用统计学的方法可以分析出这些统计数据处于某一范围内。这样，就不必针对每一个个体设计工作空间。例如，国标 GB 14776 —93 规定了在生产区域内工作岗位尺寸的人类工效学设计原则及其数值，适用于为手工操作为主的坐姿、立姿和坐立姿势交替工作岗位的设计。[33]

特别需要指出的是，设计时针对不同的工作姿势，应对其具体工作过程中涉及的人体功能尺寸进行细致且具体地分析。不同的工作性质，操作者也有不同的工作姿势，其所需空间也不尽相同；有些功能尺寸可以很舒适、很容易达到，而有的功能尺寸却需要很大力气才能实现。

二、人际交往心理距离

除了生理尺寸外，工作空间的设计还涉及人们的心理距离。其中，心理距离主要是指人际交往时人与人之间所需要保持的一定的空间距离。人们需要在自己的周围有一个自己把握的自我空间，当自我空间被触犯时人们会产生不舒服、不安全，甚至恼怒等负面情绪。

一般而言，交往双方的人际关系以及所处情境决定着相互间自我空间的范围。美国人类学家 Edward Twitchell Hall Jr.（爱德华·霍尔）划分了四种区域和距离，每种距离都与双方的关系相称。[34]

1. 亲密距离

这是人际交往中的最小间隔或几无间隔，即我们常说的"亲密无间"，其近范围

[33]王继成. 产品设计中的人机工程学[M]. 北京: 化学工业出版社, 2011.

[34] 赵红英. 公共心理学[M]. 北京: 中国铁道出版社, 2010.

在 15 厘米之内，彼此间可能肌肤相触、耳鬓厮磨，以至相互能感受到对方的体温、气味和气息。其远范围是 15～45 厘米之间，身体上的接触可能表现为挽臂执手或促膝谈心，体现出亲密友好的人际关系。

因此，在人际交往中，一个不属于这个亲密距离圈子内的人随意闯入这一空间，不管他的用心如何，都是不礼貌的，会引起对方的反感。

2. 个人距离

这是人际间隔上稍有分寸感的距离，有较少直接的身体接触。个人距离的近范围为 46～76 厘米之间，正好能相互亲切握手、友好交谈，这是与熟人交往的空间。个人距离的远范围是 76～122 厘米。任何朋友和熟人都可以自由地进入这个空间，不过，在通常情况下，较为融洽的熟人之间交往时保持的距离更靠近远范围的近距离（76 厘米）端，而陌生人之间谈话则更靠近远范围的远距离（122 厘米）端。

3. 社交距离

这已超出了亲密或熟人的人际关系，而是体现出一种社交性或礼节上的较正式关系。其近范围为 1.2～2.1 米，一般在工作环境和社交聚会上，人们都保持这种程度的距离。

社交距离的远范围为 2.1～3.7 米，表现为一种更加正式的交往关系。如企业或国家领导人之间的谈判，工作招聘时的面谈，教授和大学生的论文答辩等，往往都要隔一张桌子或保持一定距离，这样就增加了一种庄重的气氛。

4. 公众距离

这是公开演说时演说者与听众所保持的距离。其近范围为约 3.7～7.6 米，远范围在 7.6 米之外。这是一个几乎能容纳一切人的"门户开放"的空间，人们完全可以对处于空间的其他人"视而不见"，不予交往，因为相互之间未必发生联系。

显然，相互交往时空间距离的远近，是交往双方之间是否亲近、是否喜欢、是否友好的重要标志。因此，人们在交往时，选择正确的距离是至关重要的。为了给人们提供一个舒服、安全的工作空间环境，设计时要对人们工作空间的人际交流心理距离进行分析和研究。

三、工作姿势与肢体施力

工作中肢体在既定位置施力的身体姿态称为工作体位。工作体位包括两个因素，工作姿势与肢体施力，如果工作姿势、肢体施力长期不正确，容易造成职业病。工作

图 6-1　不良作业姿势

环境的设计如果使操作人员有可能进行不安全操作，也容易造成工伤。因此，在工作空间的设计中，应考虑预防工作人员的职业病和不安全操作，提高设计的安全性。

目前，肌肉骨骼失调性损伤是指肌肉和骨骼机能部分或者全部丧失正常功能的损伤，正在变成一种比较普遍的职业病。[35]调查显示，造成肌肉骨骼损伤主要有 3 个因素：动作的重复性、身体的姿势和负荷的重量。很多的工作岗位设计使操作人员的姿势很不自然，肌肉长期处于拉伸状态，如办公室人员、缝纫工等每天低头工作，使肩部的肌肉和肌腱长时间处于拉伸状态（见图 6-1），造成肌肉损伤。工作面高度设计不合理造成脊柱的歪斜、肌肉的过度拉伸，如工作的姿势需要长时间将手臂举过头顶，那么肩部肌肉需要一直收缩用力，长期得不到休息，就会压迫肌肉和骨骼中的血管和神经。

因此，在设计的过程中，应尽可能考虑到姿势所带给肌肉和脊柱的压力，提供辅助工具（部位），减轻肌肉和脊柱的受损。

四、安全性要求

在工作空间设计的过程中，应满足设计安全性的需求。安全防护空间是工作空间设计中的一部分，其目的主要是为了保障人体安全，避免人体与危险源（如机械转动部位等）直接接触。安全装置是通过其自身的结构功能限制或防止机器的某些危险运动，或限制其自身的结构功能，或防止机器的某些危险运动，或限制其运动速度、压力等危险因素，以防止危险及减少风险；防护装置是通过物体障碍方式防止人或者人体部分进入危险区。

1. 结构安全性

结构安全性要从强度和操作两个方面进行设计。强度方面，设计时应采用适当的安全系数，以保证使用时具有足够的结构强度。操作方面，主要包括按人机原理设计所能达到的使用角度，防止出现危险或不适应感。如在设计摇动手柄控制辅具时，手柄在使用时能够置于安全位置，避免手柄与人的接触碰撞。

2. 功能识别安全性

功能识别设计的方法有 4 个方面：①利用产品的特殊功能形态和使用方式，传递

---

[35] 王保国. 安全人机工程学[M]. 北京: 机械工业出版社, 2009.

给人准确、安全的信息，来引导和暗示；②通过声音给人的心理暗示及警示作用来保护人们的安全；③通过高纯度、高明度的彩色光（通常结合安全色）来提醒人们注意，达到安全目的；④利用图案、文字、色彩的警示作用引起人们注意，保障安全。

3. 形态安全性

在设计中其造型不应对人造成心理上的负担，更不能使人产生恐惧的心理。要消除人的心理障碍，在造型上需注意：①产品的整体造型尽量采用柔和、具有亲切感的形态，如曲面、倒角；②尽可能地把机械部件予以隐藏，没办法隐藏的部件可通过造型或色彩使之能够给人产生兴趣或安全感；③造型与使用环境相融合，不过于夸张，能在一定程度上缓解人的情绪；④重要操作控制装置要造型合理，并处于最佳的工作区域。

4. 色彩安全性

色彩在应用过程中，要注意它的暗示性，如红色代表温度高、危险等警示性语义，蓝色代表冷静、温度低等，绿色代表安全等。一般情况下，工作空间的主体色彩都以白色等中性色彩为主，间或以一些活泼的色彩为辅，避免使用过程的单调乏味，增加色彩的识别性。

五、工作空间设计的一般原则

在国标 GB/T 16251—1996《工作系统设计的人类工效学原则》中，给出了如下的工作空间的设计一般性原则。

（1）操作高度应是和与操作者的身体尺寸及工作类型，座位、工作面（工作台）应保证适宜的身体姿势，即身体躯干自然直立，身体重量能得到适当支撑，两肘置于身体两侧，前臂呈水平状。

（2）座位调节到适合于人的解剖、生理特点。

（3）为身体的活动，特别是头、手臂、手、腿、脚的活动提供足够的空间。

（4）操纵装置设置在肌体功能易达或可及的空间范围内，显示装置按功能重要性和使用频次依次布置在最佳或有效视区内。

（5）把手和手柄适合于手功能的解剖学特性。

第二节　座椅设计

一、坐姿生理解剖基础

当人坐在座椅上时，支撑人体处于固定姿势的主要结构是脊柱、骨盆和下肢。脊柱共 24 节椎骨，分 4 个区段：上段 7 节椎骨为颈椎，接下来 12 节椎骨为胸椎，再下面 5 节腰椎，最下端是 5 块融为一体的骶尾骨（见图 6-2）。每两节脊椎骨之间的软组织称为椎间盘，椎间盘的变形能实现人上身前后左右弯曲。而骨盆由脊柱最下端的骶尾骨段与髋骨组成，上接脊柱，下连四肢。良好坐姿的必要条件是将最适当的压力分布于各脊椎骨之间的椎间盘上，并将最适当、最均匀的静负荷量分布于所附着的肌肉组织上。[36]

1. 脊柱形态

脊柱正常生理弯曲状态的特征是：颈椎为略向前凸的弧形，胸曲为略向后凸的弧形，而腰椎段为向前凸出的弧形，且曲度较大。不同姿势状态下，人的腰曲弧线也各不相同（见图 6-3）。为了能够在坐着工作的时候，人体的腰椎曲线保持自然的 S 形状，座椅的靠背必须符合人体工学的腰椎设计，椎间盘承受分布均匀的压力，获得更舒适与健康的姿势，来提高工作效率，保持脊椎健康。为使坐姿下的腰弧曲线变形最小，座椅应在腰椎部提供肩靠及腰靠进行支撑。若无腰靠或腰靠不明显将会使正常腰椎成腰椎后突，若腰靠过分突出将会使腰椎呈前突形状（见图 6-4）。

2. 体压分布

骨盆下两个坐骨粗大坚壮，局部皮肤厚实，由此处承受坐姿的大部分体压比均匀分布更加合理。坐垫上的压力应按照臀部不同部位承受不同压力的原则来设计，即在坐骨处压力最大，向四周逐渐减少，至大腿时压力渐至最低值（见图 6-5）。椅面软硬、椅面倾角、椅面弧度及坐姿都会影响臀部与大腿体压分布。图 6-6 中（a）图中座面呈近似水平，可使两坐骨结节外侧的股骨处于正常的位置而不受过分的压迫，因

---

[36]洪永杰. 科技辅具研究文献探讨[D]. 香港: 元智大学机械工程研究所, 2003.

而人体感到舒适。（b）图中，座面呈斗形，股骨向上转动，这种状态除了使股骨处于受压迫位置而承受载荷外，还会造成髋骨肌肉承受反常压迫。

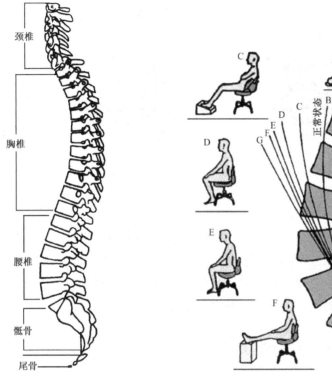

图 6-2　人体脊柱形态与组成图　　　　图 6-3　各种姿势的腰椎曲线

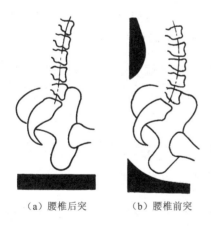

图 6-4　腰椎形态

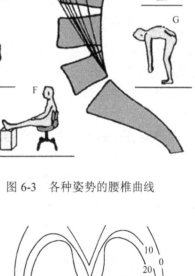

图 6-5　椅面上适宜的体压分布（单位：10^2 Pa）

膝盖的背面称为腘窝。腘窝是对压力敏感的部位，应避免受压。椅面过高或椅面过深，都会引起腘窝受压。小腿应在地面获得支承，可降低大腿的体压、背肌紧张，而且是轻松实现上身平衡稳定的条件。

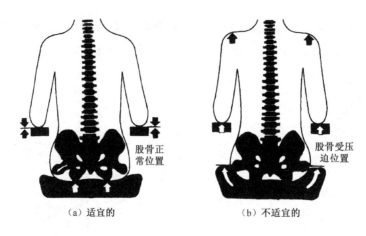

（a）适宜的　　　　　　　　　（b）不适宜的

图 6-6　椅面形状和扶手高度的解剖学分析

3．体态平衡

人会通过改变坐姿来调节压力分布、缓解肌肉疲劳，根据坐姿的变化不断地保持身体平衡。适时活动身体，使各部分体压状况得到调节，骨骼肌肉状态有所变换，才符合人的生理要求，这就是"人体平衡调节理论"。因此，座椅的设计必须能够满足这种平衡要求，使就座者能灵活、平稳地进行体态自动调节。

二、工作座椅一般人类工效学要求

国标 GB／T 14774－1993 给出了工作座椅的一般人类工效学要求。

（1）工作座椅的结构型式应尽可能与坐姿工作的各种操作活动要求相适应，应能使操作者在工作过程中保持身体舒适、稳定并能进行准确地控制和操作。

（2）工作座椅的座高和腰靠高必须是可调节的。座高调节范围在 GB 10000 中"小腿加足高"，女性（18～55 岁）第 5 百分位数到男性（18～60 岁）第 95 百分位数，即 360～480mm 之间。

工作座椅坐面高度的调节方式可以是无级的或间隔 20mm 为一档的有级调节。

工作座椅腰靠高度的调节方式为 165～210mm 间的无级调节。

（3）工作座椅可调节部分的结构构造必须易于调节，必须保证在椅子使用过程中不会改变已调节好的位置并不得松动。

（4）工作座椅各零部件的外露部分不得有易伤人的尖角锐边，各部结构不得存在可能造成挤压、剪钳伤人的部位。

（5）无论操作者坐在座椅前部、中部还是往后靠，工作座椅坐面和腰靠结构均应使其感到安全、舒适。

（6）工作座椅腰靠结构应具有一定的弹性和足够的刚性。在座椅固定不动的情况下，腰靠承受 250N 的水平方向作用力时，腰靠倾角 β 不得超过 115°。

（7）工作座椅一般不设扶手。需设扶手的座椅必须保证操作人员作业活动的安全性。

（8）工作座椅的结构材料和装饰材料应耐用、阻燃、无毒。坐垫、腰靠、扶手的覆盖层应使用柔软、防滑、透气性好、吸汗的不导电材料制造。

（9）工作座椅坐面，在水平面内可以是能够绕座椅转动轴回转的，也可以是不能回转的。

三、座椅的功能尺寸

国标 GB / T 14774－1993《工作座椅的一般人类工效学要求》中关于座椅的结构形式如图 6-7 所示。对应的工作座椅的主要参数如表 6-1。

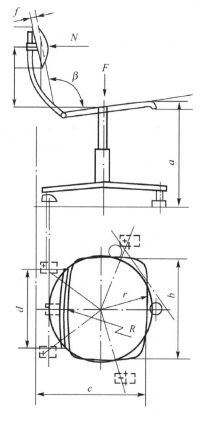

图 6-7　工作座椅的结构

表 6-1　工作座椅的主要参数数据

参数	符号	数值
座高	a	360～480mm
座宽	b	370～420 mm 推荐值 400 mm
座深	c	360～390 mm 推荐值 380 mm
腰靠长	d	320～340 mm 推荐值 330 mm
腰靠宽	e	200～300 mm 推荐值 250 mm
腰靠厚	f	35～50 mm 推荐值 40 mm
腰靠高	g	165～210 mm
腰靠圆弧半径	R	400～700 mm 推荐值 550 mm
倾覆半径	r	195 mm
坐面倾角	α	0°～5° 推荐值 3°～4°
腰靠倾角	β	95°～115° 推荐值 110°

休息用椅、工作用椅、多用途椅三者的座高互不相同，主要原因在于使用的功能互有差异。休息用椅需使腿部能向前方舒适地伸展，这种姿势对腿部而言是一种较佳的松弛方式，而且也有助于身体稳定。而对工作用椅而言，人体通常需以较直立式姿势且双脚平放于地面，其座高宜比休息用椅稍高。

工作椅座高要保证：①大腿基本水平，小腿垂直地获得地面支撑；②腘窝不受压；③臀部边缘及腘窝后部的大腿在椅面获得"弹性支承"。

要达到以上要求，工作椅座高比坐姿人体尺寸的"3.8 小腿加足高"低 10～15mm。

考虑穿鞋修正量（男+25mm，女+20mm），穿裤修正量（-6mm），因此工作椅座高最好为可调式产品，为 I 型产品，同时，由于是通用产品，需 $P_{95男}$、$P_{5女}$ 两个尺寸。

按比"小腿加足高"低 10mm 计算工作椅合适座高：

由表可查得，$P_{95男}$=448mm，$P_{5女}$=342mm，从而得到：

95 百分位数的男子：[448+（25-6）-10]mm=457mm，

5 百分位数的女子：[342+（20-6）-10]mm=346mm。

把两个数据四舍五入为完整的数值，得到：中国男女通用工作椅座高的调节范围为 350～460mm，而国标为 360~480mm，比较接近。

2．座宽

座宽的设定必须适合于身材高大者，其相对应的人体测量值是臀宽。这种人体尺寸值受性别的差异影响较大，座宽宜采用较高百分位的"坐姿臀宽"女性测量值为设计依据。

3．座深

正确的坐姿使就座者容易寻求到合适的腰椎支撑。如果座深尺寸值超过身材较小者的"坐深"人体尺寸，即臀部至小腿距离，座面前缘将压迫到膝窝的压力敏感部位，使就座者为使躯干达到靠背的支撑面而改变腰部曲线，或向前滑坐，导致骶椎与腰椎无靠背支撑而呈不良坐姿。就工作用椅而言，它的使用者分布很广，其座深可取身材较矮小者的"坐深"人体测量值作为设计依据。而休息用椅的座深可相对深些。

4．座椅的扶手高度

座椅设计常需考虑扶手，依据"坐姿肘高"人体尺寸计算。扶手不可过高，太高的扶手使肩膀高耸，肩部与颈部的肌肉拉伸；而太低的扶手则使手肘支撑不良，导致弯腰或使躯干斜向一侧。

5. 座面倾角

座面角度应以坐垫与水平面之间的夹角来衡量。通常把前缘翘起的椅子的座面倾角α定义为正值，反之为负值。对于工作椅而言，坐在前倾 0°~5° 的座面比坐在后倾式座面上有较少的肌肉伸张，体压分布更为均匀。而对于休息椅而言，座面倾角可以为正值，即前缘翘起，越是放松为主的座椅，座面倾角越大，安乐椅的座面倾角可达 20°。

6. 座椅靠背支撑位置与倾角

座椅的设计必须提供正确的腰曲弧线，使脊柱处于自然均衡状态。因此需要提供合适的腰靠或靠背。靠背的形式、倾角和尺寸，关系到坐姿脊柱形态、座面和背部的体压、背肌的紧张度等解剖学因素。腰靠的主要作用在于维持脊柱良好形态，避免腰椎严重后突，而靠背的作用则是支承躯干的体重、放松背肌。对于休息用椅，若提供头枕，需要将头枕设计为可调节，以满足不同身高的人的使用要求。不同类型的座椅，其靠背形式与适用条件是不一样的（见表 6-2）。

表 6-2　四种座椅靠背形式及其适用条件

靠背形式	支承特性	支承中心位置	靠背倾角	座面倾角	适用条件
低靠背	1 点支承	第三、四腰椎	≈93°	≈0°	工作椅
中靠背	1 点支承	第八胸椎骨	105°	4°~8°	办公椅
高靠背	1 点支承	上：肩胛骨下部； 下：第三、四腰椎骨	115°	10°~15°	大部分休息椅
全靠背	1 点支承	高靠背的 2 点支承再加头枕	127°	15°~25°	安乐椅、躺椅等

四、坐面材质

椅垫具有两种重要功能，首先它有助于将坐骨结节和臀部的体重所产生的压力予以分散，若此种压力无法排除则会引起不舒适甚至疲劳感等；其次它使身体采取一种稳定的姿势，将身体凹陷入椅垫并予以支承。如果坐垫材质过硬，则无法均衡地支承身体；若坐垫材质过于柔软，会使体压分布过于分散，导致肌肉疲劳。椅垫应具有良好的透气性、保温性与触感，保持人体接触座椅部位的温度与湿度。因此，办公用椅的坐垫需采用弹性优异、密度均一的材质。

五、Aeron 现代办公椅设计

Herman Miller 公司的设计师 Don Chadwick 和 Bill Stumpf 合力设计开发了 Aeron

座椅，设计团队进行了一系列的研究，如全国范围的人体测量，人的自身体形和其所偏爱的座椅尺寸之间的关系，采用压力绘图和热量测试的方法来确定椅座和椅背上的Pellicle 材料在分配重力和消散热度、湿度方面的性能，聘请权威的人体工学专家、整形外科专家和临床医学专家及数十位用户测试评估其舒适性等。Aeron 座椅问世后荣获了美国工业设计师协会与《商业周刊》杂志授予的"十年最佳奖"办公家具领域金奖等众多奖项，成为办公座椅中的经典。自 Aeron 座椅于 1994 年首度面世以来，一直不断完善。如图 6-8 所示的这款新座椅中，融入了累积二十多年的科技成果和最先进的人体工程学技术，进一步改善这个有益健康的设计，同时也拓宽了其适应多种姿态的能力范围。新的 Aeron 座椅采用了更加精密的倾仰机制、可以调节的 PostureFit SL 和 8Z Pellicle 悬架支撑结构等最新设计，实现了前所未有的智能表现。

图 6-8　Aeron 座椅

1. 保证良好的腰曲弧线

Aeron 座椅都有一张高大开阔的等高椅背，能够分担来自脊柱下部的重力。PostureFit 座位技术为腰线以下的下背部提供了完全贴合的自然支持，能使人体保持更健康的姿势，并实现背部的舒适感。Aeron 椅背依照脊椎曲线形状设计帮助支撑避免驼背，并认为如果要避免驼背，应该要同时支承腰椎与骨盆。Aeron 独特的设计采用 Y 字腰垫，可以调节的、独立的软垫模拟健康的站姿稳稳地托住骶骨部位并支承住脊椎的腰部区域。

2. 轻松改变坐姿

长期保持一个姿势会让肌肉向椎间盘输送营养物质的自然泵活动减少。Aeron 座椅的倾仰机制使其能够以极其自然的方式随着人体一起移动，让人们能够直观自然地从前倾转换到后仰的姿势。倾仰功能可以轻松改变坐姿，在大约 30° 范围内倾仰时，上身重量可以从腰部转移到背部和宽阔的靠背上。宽松的扶手可前倾调节，保证双臂舒适自如。倾仰机制能通过更加平稳顺畅的倾仰轨迹和最佳的平衡点，为就座者提供更为顺畅的活动（和静止）体验。

3. 舒适的椅面材料

Aeron 座椅摒弃了传统的泡棉和织物等材料，使用 Herman Miller 与杜邦公司研发的专利材质 Pellicle，能顺应使用者体型重量平均分布，能够消除限制血液流通的压力点并且拓展了材料设计的边界，最大限度减少受压点的不舒适感。同时 Pellicle 材料能够让空气、体热和水汽透过座椅和靠背，有极佳的散热功能，能保持体温浮动不超过上下 5℃。

第三节　工作空间设计

一、工作岗位与工作空间设计

根据工作任务的性质选择不同的作业岗位，工作岗位分为坐姿岗位、立姿岗位和坐、立交替岗位，还有卧姿和蹲姿。选择人体姿势和体位应该考虑以下因素：工作场地的大小、照明条件与视觉；体力负荷的大小及用力方向；工作场所各种物质（包括必需的工具、加工材料等）的安放位置；控作台或工作台的台面高度，有无合适的容膝空间；作业时起坐的频率等。同时，许多设备要实现无任何危险之处是很难的，因此就必须考虑与其保持一定的安全距离。安全距离有两种：一是防止人体触及机械部位的间隔，称为机械防护安全距离的确定，主要取决于人体测量参数；二是使人体免受非触及机械性有害因素影响的间隔，如超声波危害、电离辐射和非电离辐射危害，冷冻危害，以及尘毒危害等。

根据工作岗位的不同、工作人员工作姿势的不同，工作空间应做相应的设计，见表 6-3。

表 6-3　不同工作岗位的作业环境和要求

坐姿岗位	站姿岗位	坐、立交替岗位
短时间作业要求容易移动的材料、工具、产品等； 不需要移动物体超过作业面高度 15 厘米以上； 不需要用很大的力气	作业空间不够容纳膝盖的空间； 作业位置分开，经常要在不同的岗位间走动； 作业要求完成向下施加力量； 作业中需要搬动超过 4.5 公斤的重物	在作业的过程中不得不采用不同的作业姿势来完成的工作

1．水平作业面范围

坐姿或坐/站姿控制台设计时需考虑到水平作业面，[37]如图 6-9 所示为水平面内手臂活动及手操作范围的描述，对于立姿工作和坐姿工作均适用，此为中等身材中国成年男子的数据。根据图中粗实线区域来设计控制台，可使得操作者具有良好的手眼配合协调性。作业面的布置同样与作业姿势及操作动作有很大关系。同时与操作时的操纵力、准确性、视角及作业空间的总体布局等也有密切关系。

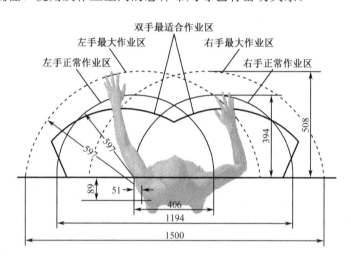

图 6-9　男子上肢水平面作业区域（单位：mm）

2．工作面相对高度

设计工作面要考虑视力和臂力的使用情况对工作面相对高度进行设计。如手表装配等精密操作，与汽车部件等大型组装操作相比，他们对视力和臂力要求的不同，所要求的相对高度也有所不同。因此，设计的时候，应根据实际生产情况而定。如表 6-4 所示列出了坐姿岗位工作考虑视力和臂力情况下的工作面相对高度。

---

[37]黄灿珣. 辅具设计或选择的主要原则与依据[M]. 中国国立台南大学, 2004.

表 6-4 坐姿岗位的工作面相对高度

类别	举例	坐姿岗位相对高度（mm）			
		P₅（第 5 百分位）		P₉₅（第 95 百分位）	
		男	女	男	女
以视力为主的手工精细作业	调整作业； 检验工作； 精密组件装配	450	400	550	500
使用臂力为主，对视力有一般要求的作业	分拣作业； 包装作业； 体力消耗大的重大工件组装	250		350	
兼顾视力和臂力的作业	布线作业； 体力消耗小的小零件工件组装	350	300	450	400

3．工作面的高度

工作面的高度是指工作面离地面（支撑面）的高度，其设计要考虑对人体姿势的影响。过高或过低都会使工作人员的身体处于不自然的状态，容易造成背部、颈部等部分肌肉的酸痛甚至拉伤。工作面的设计应该使肩膀自然下垂，前臂处于水平状态或者略下斜，脊柱不过度弯曲。工作面可以根据需要倾斜一定的角度，避免弯曲腰部和颈部，还可以防止视力受损。根据实际需要，也可以调整高度以适应需求，但同时应考虑成本。

对于立姿岗位的工作面，由于立姿作业容易产生肢体疲劳，应使腿脚可移动，或交换承重部位，以减少疲劳。工作面高度一般略低于人立姿肘高，最佳状态为肘下 50mm~100mm。

对于坐姿工作时若腰部常有弯曲，易产生腰椎病、颈椎病、坐骨神经痛。其高度可依照：座高+合适的桌椅高度差来设计。

办公桌高度=座高+坐高/3

书写用的桌子=座高+坐高/3-（20~30）mm

合适的座椅高度应该比坐姿人体尺寸中的"3.8 小腿加足高"低 10~15mm。

对 $P_{50男}$ 而言，若取 10mm，座高 $_{50男}$=小腿加足高（413mm）+穿鞋修正量（+25mm）+穿裤修正量（-6mm）-10mm=413+25-6-10=422mm。坐高 $_{50男}$=908mm。

故：坐姿工作面高 $_{50男}$=422+908/3=725mm。

对于坐立交替式工作面高度的设计，要综合考虑坐姿作业与立姿作业两方面的需要。比如台面高度参照立姿作业标准，要使相应的工作椅能让操作者立姿与坐姿时肘高相等，台下的踏脚台能与控制台高度、工作椅高度协调配合。

对于现代办公桌而言，由于兼具书写与使用计算机的功能，这两者对工作面高度要求并不一样。在使用键盘、鼠标时，肘部与前臂应获得支撑，避免悬空，减少疲劳，其高度以手臂自然下垂时肘关节的高度为宜，同时也考虑到键盘本身的厚度。操作键盘时作业面高于桌面，必然要求手腕上翘，这是不良的作业姿势，无法保持手部顺直的状态。这种操作容易引发腱鞘炎、腕管综合症。针对这种情况，有的采用有腕托的键盘，有的在桌面上下文章，提出以下解决方案：加装专门放置鼠标键盘的隔板，隔板低于桌面，与手肘高度保持一致。在隔板上设置放置鼠标键盘的凹槽，在键盘前面安装条板式的手腕垫，保证操作平面与手腕工作平面一致，手腕可保持顺直状态，避免腕管内肌腱发炎肿胀。还有的设计在保证桌面形态不大改时，采用支肘板的设计，操作鼠标时使手腕、前臂获得支撑（见图 6-10）。

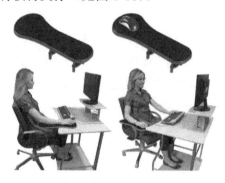

图 6-10　支肘板设计

4. 容膝空间

在设计坐姿或坐立交替式工作台时，必须根据脚可达到区在工作台下部布置容膝空间，以保证作业者在作业过程中，腿脚能有方便的姿势。

立姿作业虽不需要，但提供了容膝容足空间，可以使作业者站在工作台前能够屈膝和向前伸脚。一方面站着舒适，另一方面使身体可能靠近工作台，扩大上肢在工作台上的可及深度。容膝空间最好有 200mm 以上，容足空间最好达到 150×150mm 以上。

5. 垂直作业面范围

成年男子人体尺寸第 50 百分位数，在未穿鞋修正量的条件下，立姿手臂活动及手操作的适宜范围如图 6-11 所示。

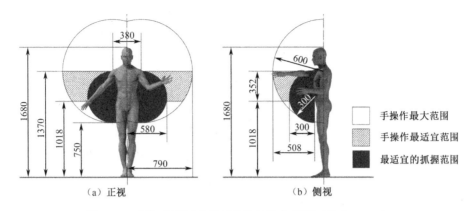

图 6-11 立姿手臂活动及手操作的适宜范围（单位：mm）

7. 几种常用控制台

几种常用控制台建议尺寸如图 6-12 与图 6-13 所示。

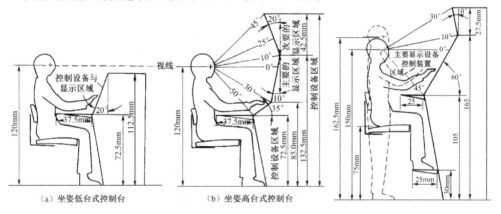

图 6-12 坐姿控制的操作台 　　　　图 6-13 坐立姿交替式控制台设计

二、空间配置与工作空间设计

在空间配置的因素中，主要讨论一个工作空间的平面设计，包括个人拥有的空间大小、桌椅的排列方式，以及由个人工作空间到公共工作空间的动线设计。首先，办公家具的放置应按照功能要求确定，充分考虑使用办公家具时工作人员的各种活动姿势所需要的范围，以及维修、移动等情况下所需的余地。其次，要充分考虑家具之间、现代办公用品之间、工作人员行走的通道、线路因素等，保证它们之间和谐、统一。工作环境有两大重要特征会影响员工工作表现和满意度：其一是免于分心，其二则是与同事间的互动。所以，应尽量在密闭安静的空间与可彼此互动的空间中做权衡。[38]

[38] Gutierrez E M，Hultling C，Sarasle H. Measuring Seating pressure，area，and asymmetry in persons with spinal cordinjury[J].
European Spine Journal，2004，（13）:374-379.

良好的工作空间要注意其私密性，使个人工作时不受干扰，且有会谈区可容纳少数或多数人共同讨论，员工间实现良好的互动。

工作空间大小，会影响使用者的工作表现。狭小的工作空间不仅容易堆积物品，也会让人感到烦躁，导致较差的生产力。相对的是，太大的工作空间，对员工而言会产生不安全感与沟通的不方便性，对组织而言会造成营运成本上的浪费。

对于多人集体作业应考虑协同作业空间。Nendo 为 KOKUKO 设计的 Brackets 沙发，主要是能在办公区域内创造出一个独立的交流空间，就像打上了括号一样（见图 6-14）。通过配件的调整组合和细节的变化，达到个人与团队、开放与闭合、专注与放松等多方面的平衡，既能用来开会议事，又能作为私人空间使用。

图 6-14　KOKUYO 家居的 Brackets，能自由组合配件，按需分割空间的家具

三、环境与工作空间设计

1．照明

在照明设备的选择与安装上，增加自然光、加强光线质量，并降低刺眼光线与眩光，能帮助员工达到较佳的工作效率。研究显示，如果员工长时间无法接收到自然光，容易感到沮丧，且工作能力会受影响，因此欧洲很多国家立法规定，要求每个员工必须能从自己的位置看得到自然光。

2．温度

根据美国卡内基梅隆大学一项调查显示，[39]若能让员工自行调整工作环境的温度，可以改良生产力。因此，在温度调节上，企业如果能安装相关的装置，让不同员工可以调控自己座位上的温度，显然可以让员工工作更愉快。

3．色彩

色彩选择是影响人情绪的一个重要因素。合理的使用颜色，可促进某种程度的唤起作用，用以引导互动或创意孵化，舒适的颜色也会让工作者心情愉快，间接增加工作效率。例如，办公室最适合的配色应为皮肤色或米白色，因为这是最接近人体的颜色。除了白色、肤色系之外，其他颜色对于人类心理也有不同作用，如红色让人有兴奋或刺激之感，蓝色让人平静或有抚慰作用，然而大量使用，可能会对心理造成极大的负担。

4．噪音

凡是不规则及不协调之音波，在同一时间存在，使人听了造成心里或生理上不适感的音量，都称为噪音。办公室中的噪音包括讨论谈话声、电话声、敲击键盘的声音，或是事物如打印机发出的声响等。

第四节　汽车空间设计

汽车的空间设计，也称汽车布置，[40]即为各种车辆系统（动力总成系统、气候控制系统、燃油系统等硬件设施）进行空间分配，以适应"人"（乘客及驾驶人员）的需求，并设计人们需要放置在汽车内部的各种物品的存储空间。汽车的空间设计应

[39]阿拉罕·莫斯塔第. 前卫办公空间[M]. 张书鸿, 吕淑贤, 译. 北京: 机械工业出版社, 2006.

[40] [美]Vivek D.Bhise. 汽车设计中的人机工程学[M]. 李惠彬, 刘亚茹, 等译. 北京: 机械工业出版社, 2014, 7.

宽敞舒适，易于出入，要给驾驶人的手脚留有足够的活动空间，驾驶室的内部高度要能使第 95 百分位的男驾驶人挺直坐在高度调节到最高位置的座椅上面时，头顶离驾驶室顶部表面还有一定的间距。同时汽车的空间设计也要易于理解，如果用户不明白如何使用产品或产品的功能，那么驾驶人将无法使用此功能。

一、布置原则

对于集成到新车内部的设计环节，不同的设计者、用于不同的车辆模型创建的不同的设计方案、使用不同类型的控制和显示设备，都可能创建大量的布局和配置。考虑到目前许多豪华车有超过 100 种不同的仪表板、中控台或车门饰板，可以产生数以千计的不同布局，可以满足不同的造型概念。为取得一个或多个卓越的设计可以遵循以下设计原则。

1. 使用次序原则

汽车设备布置如控制、显示设备的布置应该按照其使用顺序，以减轻眼睛和手部动作。为了减少眼睛和手的运动，应该考虑驾驶人眼睛固定位置与手的位置（用于控制操作）先于控制与显示设备位置。

2. 位置预期原则

设备布局的位置应根据驾驶人预期的位置来布置。要建立设备的预期位置，必须对车辆进行市场研究和用户研究，以确定主要设备及经常使用的次要设备的最常用位置。主要设备位置应根据驾驶人的期望（大多数驾驶人所预期的显示设备在车辆空间中的位置）、眼球运动（即视线需要从正前方观看的方向移动的角度值）及其他设备的位置（考虑到设备之间的联系）来确定。SAE 标准 J1138 推荐了各类主要及次要车内设备的布局位置（SAE，2009 年）。[41]

3. 重要性原则

被驾驶人感知的重要设备应靠近转向盘或靠近驾驶人前方视线布置。

4. 使用频率原则

经常使用的控制设备位于转向盘附近布置，经常使用的显示设备应靠近驾驶人前方视线布置。

---

[41]Sanders,M.S.,and E.J.McCormick,1993. Human Factors in Engineering Design.7th ed.McGraw-Hill Inc.Society of Automotive Engineers Inc.2009.SAE Handbook. Warrendale , PA:SAE.

5．功能组合原则

具有类似功能的设备如灯光控制、发动机控制、气候控制、音频控制等，应根据使用情况进行分组并集中在一起，便于寻找和操作。

6．时间—压力原则

如果设备需要快速使用，并且由于外部环境需求不能根据驾驶人的判断力使用，那么这些控制设备应该位于接近转向盘或突出的区域内。例如，风窗玻璃上突然起雾需要快速操作风窗玻璃除霜开关；其他车辆不可预期或奇怪的操纵行为可能导致需要快速使用喇叭开关、远光灯开关或报警灯开关。

二、可用空间的确定

一款车型的开发从确定车型定位开始，根据市场调研制定出车身造型、比例及车身尺寸等参数，而车内的空间布局和创作舒适性则源自 H 点的设定。合理的 H 点设定是为用户打造一个优秀车内空间感受的基础（见图 6-15）。所谓的 H 点（Hip Point）指的是人体躯干与大腿的连接点，围绕这个点对前后排人

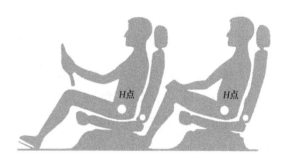

图 6-15　汽车 H 点的设定

员的乘坐空间、视角及仪表台的操作进行规划，不仅如此，工程师还需要兼顾不同身材的驾乘人员的乘坐感受。这就是一辆车在设计开发时首先要满足用户的基本需求。

根据乘坐参考点、制动踏板点和转向盘确定驾驶人位置后，应建立放置各种设备的区域，其可用空间的受制因素有：①最大触及区域；②最小触及区域；③穿过转向盘的可见区域；④35°下视角区域。如图 6-16 展示了以上介绍的设计空间因素。

（1）最大触及区域：最大触及区域在 SAEJ287 标准程序中，定义了 95% 的驾驶人可以达到的空间（SAE，2009 年）。在草图或者三维计算机辅助设计模型中，布置左手和右手的最大触及表面，也就是设定驾驶过程中 95% 的驾驶人操作可以触及所有可控制设备前部边界。

（2）最小触及区域：最小触及区域是半球状，其中心在矮个驾驶人向前坐在座椅导轨第 5 百分比的位置（SAE 中定义的 H 点第 5 百分位的位置）时驾驶人的左右胳膊肘处，半径为其肘关节长度（即下臂长度）。

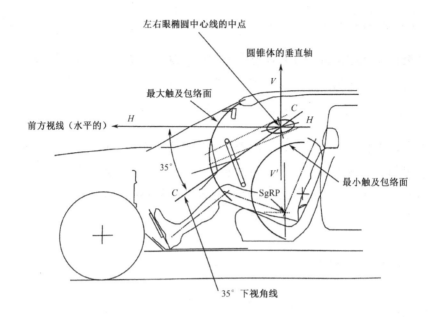

图 6-16　最大、最小触及边界、35°下视角线及透过转向盘的可视区域

（3）穿过转向盘的可见区域：驾驶人视线从第 95 百分比眼椭圆通过转向盘轮缘内侧、轮辐和中心区域，然后投影到仪表盘平面上，SAE 标准提供了绝大多数驾驶人可以看得到的区域边界的画图过程，其左右眼的视线分别与第 95 百分位左右眼椭圆相切。

（4）35°下视角区域：35°下视角区域定义了可用区域的下边界，设备的布置应在此区域的上部，并靠近前方视线。

汽车空间的舒适性设计要比一般室内空间复杂得多，它通常包括静态舒适性、动态舒适性、操作舒适性三方面的设计任务，而这三方面的设计标准却往往由于实际要求的相互矛盾而难以完全满足。例如，完全按乘坐的静态舒适性要求选择的扶手高度可能会妨碍驾驶人手臂的操纵动作，较宽的、同肩一般高的及表面平滑的靠背，驾驶人会感到舒适，但是会妨碍他从后窗往外看，同时也妨碍他拉操纵杆时手臂的动作。因此，在设计时要参考各种车辆的道路试验或田间试验结果和设计经验，找出既能适应工作需要，又能满足休息要求的折中方案。

三、汽车内部空间布局评价

由于在设计和评估控制或显示设备的设计时，要考虑诸多问题和原则，所以汽车厂商采用了一套有效的综合对照表。如表 6-5、6-6 分别给出了汽车控制设备、显示设备的评价对照表。评分方案可以通过将适当的权重分给每个组中的每个问题、定量比较不同的显示、控制设备符合人机工程学的特质来研究。评分权重可以根据属性，如重要程度

（使用的紧迫性）、使用频率、未正确找到或非正确使用设备带来的后果来确定。

除此之外，在设计评价的过程中还常常结合工具、模型和各种人机工程学标准提供的涉及准则、企业实践及其他规定要求，如 SAE 手册、客户的反馈和投诉，以及保修经历。或者选定操作任务进行任务分析，发现潜在的驾驶人错误，或者使用现场测试、实验室或驾驶模拟器研究，对用户进行研究，包括其快速反应、用户喜好等。通过这些评估来发现问题，改善设计方案。

表 6-5 汽车控制设备评价对照表

类别	序号	问题
可发现性	1	控制设备很容易被发现吗？
	2	控制设备是否位于预期区域内？
	3	在正常的操作姿势下控制设备是否可见？
	4	为了看到控制设备，是否需要头部和躯干运动？
	5	夜间正常操作姿势下，控制设备是否看得见？
识别	6	控制设备是否按逻辑放置和/或分组，以加快其识别？
	7	控制设备有无适当的标签？
	8	标签是否可见？
	9	从正常的操作姿势下，标签是否可读（易读性如何）？
	10	夜间标签是否照亮？
	11	在夜间正常操作姿势下，标签是否可读（易读性如何）？
	12	可否通过触摸来识别？
	13	能否从与靠近它的其他控件中区别开来？
可解释性	14	控制设备是否与其他控制功能相混淆？
	15	不熟悉的操作者能否猜测控制设备的操作？
	16	该控件的形状是否传达/提示动作方向？
	17	该控件是否和同类型的大多数其他控件的工作类似？
	18	控制分组符合逻辑吗？
	19	控制设备是否放在了一组具有同样基本功能的控件中？
	20	在 50~75mm 范围内是否存在类似外观或触摸的其他控制件？
控制设备位置、触及和抓握	21	控制设备是否位于最舒适的可触及距离内？
	22	到达控制设备是否需要操作员的手腕过度弯曲/转向？
	23	控制设备的目标区域是否足够大，以快速达到？
	24	是否不需要复杂的/复合的手/脚运动，就能达到控制件？
	25	是否不需要身体倾斜就能触及控制件？
	26	在无需别扭的手指/手运动方向的情况下，能否抓握控制件？
	27	在抓握控制件的时候，是否有足够的抓握间隙？
	28	当驾驶人指甲长（15mm）的时候，是否有足够的抓握间隙？
	29	是否有足够的驾驶人的手和手指关节活动的空间？
	30	冬季戴手套抓握控制件是否有足够的间隙？

类别	序号	问题
控制设备位置、触及和抓握	31	是否有足够的脚部间隙（如果是脚踏控制）？
	32	控制件是否位于恰当好的位置？
	33	控制设备的位置是否设得太高？
	34	控制设备的位置是否太低？
	35	控制设备的位置是否太远？
	36	控制设备的位置是否太靠近驾驶人？
	37	是否设置得太靠左？
	38	是否设置得太靠右？
	39	控制件是否布置在有利于方便操作的方向上？
	40	是否其他控件组合或集成？
	41	控制设备的位置是否随其他控制设备设置的改变而改变？
可操作性	42	是否可以快速操作？
	43	能否不用眼睛或短短的扫视来操作？
	44	控制件的操作是否是一系列操作控制的一部分？
	45	控制操作是否不需要读取两个以上的字或标签？
	46	是否可以不看显示屏就可以操作？
	47	是否不用过多的力/力矩，就可以轻松操作？
	48	对完成的控制动作，是否提供视觉、触觉或者声音的反馈？
	49	是否提供即时反馈（没有过多的时间滞后）？
	50	控制动作时，是否没有过多的死角、间隙或滞后？
	51	当控制件运动通过它的行程时，是否有足够的空间间隙提供给操作的手/脚？
	52	在控制件操作过程中是否需要重新抓握控制件？
	53	控制操作是否没有过度的惯性或阻尼？
	54	控制操作的方向是否满足常规的运动方向？
	55	是否需要一个以上的同步动作来操作控制件？
	56	屏幕/显示运动方向是否和控制移动的方向兼容？
	57	所显示的动作的量级是否与"恰当的"控制动作相关？
	58	戴手套的手是否容易操作控制件？
	59	有长指甲的驾驶人是否容易操作控制件？
	60	控制设备的表面纹理/感觉是否方便其操作？
	61	用很少的记忆容量（五个或更少的条目）能否完成操作动作？
	62	控制设备的表面是否原圆滑，以减少尖角和抓握的不适度？

表 6-6　显示设备评价对照表

类别	序号	问题
可发现性	1	显示设备很容易被发现吗？
	2	显示设备位于预期区域吗？

续表

类别	序号	问题
可发现性	3	正常的操作姿势下可以看见显示吗？
	4	为看见显示，需要头部和头部—躯干运动吗？
	5	夜间正常操作姿势下，显示是否照亮和可见？
识别	6	显示设备是否按逻辑放置和（或）分组，以方便它的识别？
	7	显示设备有无适当的标签（如单位的显示）？
	8	标签是否可见（没有遮挡或没有被眩光或反光遮挡）？
	9	在正常的操作姿势下，标签是否读出（易读性如何）？
	10	夜间标签是否照亮？
	11	在夜间正常的操作姿势，标签是否读出（易读性如何）？
	12	是否通过外观来识别显示（如时钟）？
	13	能否从靠近它的其他显示设备中区别开来？
可解释性	14	显示设备会与其他显示设备相混淆吗（如外观相似）？
	15	不熟悉的驾驶人能否猜中显示设备的功能？
	16	与控制件有联系的显示能表达其功能吗？
	17	该显示设备和同类型的大多数其他显示设备的工作类似吗？
	18	显示设备分组符合逻辑吗？
	19	显示设备能否放置在一组具有同样功能的显示或控制件中？
可解释性	20	在 50~75mm 的范围内是否存在有类似外观的显示设备？
	21	是否存在编码方法（颜色、形状、轮廓等）以提高其可理解性？
	22	显示是否位于最舒适的可视距离内？
	23	显示是否靠近驾驶人主视线（在 35° 下视角锥体上方）？
	24	显示区域是否大到足以容纳所显示的信息？
	25	是否出现显示混乱？
	26	显示是否位于"刚刚好"的位置？
	27	显示设备是否布置得太高？
	28	显示安装位置是否太低？
	29	显示安装位置是否太远？
	30	显示是否太靠近驾驶人？
	31	显示是否设置得太靠左？
	32	显示是否设置得太靠右？
	33	显示是否布置在适宜观察的方向上？
易用性	34	是否可以快速读取显示？
	35	如果显示包含以下评价： 数字、刻度和指针是否容易读取？ （考虑：数字的终点、级数、位置、方向、大小和字体； 刻度标志：主要/次要的尺寸、指针长度/宽度、数字被指针遮挡等）
	36	在有晴天阳光直射显示器时是否能读取信息？

类别	序号	问题
	37	是否需要显示设备（它是否发挥有用功能）？
	38	显示设备的信息读取是一系列读取步骤的一部分吗（如菜单）？
	39	显示设备能否提供与显示信息有关的其他感官（如声音、振动、触觉）线索？
	40	是否提供控制动作或转该改变的即时反馈（无过多时间延迟）？
	41	是否刷新过慢或无法快速显示（迟钝、衰减或滞后）？
	42	在显示功能中，对于微小变化显示设备是否过于敏感？
	43	运动的显示方向是否满足常规运动方向？
	44	多个同步控制动作都需要利用该显示器吗？
	45	屏幕/显示设备的运动方向是否与有关的控制运动兼容？
	46	所显示的动作量级与有关的控制"恰当好"？
	47	显示是否易于老年人在晚上轻松地阅读？
	48	背景表面/纹理/显示设备色彩是否方便其可读性？
	49	显示的信息量是否能用很少的记忆容量（五个或更少的条目）来理解？
	50	显示表面或附近是否提供了外部或内部光源发出的明亮、令人不舒适的反光

如表 6-7 所示是某车的车内空间人机工程评价表，该表列出了车辆内部不同区域的控制和显示设备。评价标准分成了 9 列，依据从用户、工程师、设计师、销售等人员处获得的评价进行打分，使用笑脸图形得分来表示 9 组标准中每一行每一项的得分。该图表提供了一种易于查看的表格形式，展示了车辆内部的整体人体工程学状态，也易于被其他设计和管理人员理解，是直观、有效的工具。

表 6-7 某车辆内部空间评价表

按键评级：⊘ 不可用　◐ 低　◉ 中　☻ 高

序号	车内物品：控件、显示设备和把手	控制和显示设备评价标准									评论：具体问题和建议
		可见性、遮挡和反光	前下视角	分组、组合及预期位置	识别标签	图形易读性和照明	可理解性/可解释性	最大和最小舒适触及距离	控制区域、间隙、抓紧	控制运动、力度、可操作性	
1	内侧门把手	☻	⊘	☻	☻	☻	☻	☻	☻	☻	

续表

序号	车内物品；控件、显示设备和把手	控制和显示设备评价标准									评论：具体问题和建议
		可见性、遮挡和反光	前下视角	分组、组合及预期位置	识别标签	图形易读性和照明	可理解性/可解释性	最大和最小舒适触及距离	控制区域、间隙、抓紧	控制运动、力度、可操作性	
2	门拉手	☺	⊘	☺	☺	☺	☺	◉	◉	⊘	打开车门费尽周折——应当向前移动25~50mm；不能全力握持
3	门锁	☺	☺	☺	☺	☺	☺	☺	◉	⊘	难于按动——触摸区域移至边框面下
4	窗口控件	☺	☺	☺	☺	☺	☺	☺	☺	☺	
5	窗锁	☺	☺	☺	☺	☺	☺	☺	☺	☺	
6	车镜控件	☺	☺	☺	☺	☺	☺	☺	☺	☺	
7	转向杆	☺	☺	☺	☺	☺	☺	☺	☺	☺	
8	刮水器开关（右侧手柄）	☺	☺	☺	☺	☺	☺	☺	☺	☺	
9	点火开关	◉	⊘	☺	☺	☺	☺	☺	☺	☺	在钥匙插入时需要移动头部去看控制器
10	巡航控制器	☺	☺	☺	☺	☺	☺	☺	☺	☺	
11	变速杆	☺	⊘	☺	☺	☺	☺	☺	☺	☺	安装在中控台上
12	车灯开关（左侧操纵手柄）	☺	☺	☺	☺	☺	☺	☺	☺	☺	

续表

序号	车内物品:控件、显示设备和把手	控制和显示设备评价标准									评论:具体问题和建议
		可见性、遮挡和反光	前下视角	分组、组合及预期位置	识别标签	图形易读性和照明	可理解性/可解释性	最大和最小舒适触及距离	控制区域、间隙、抓紧	控制运动、力度、可操作性	
13	仪表面板	☺	☺	☺	☺	☺	☺	☺	☺	☺	位于 I/P 的左侧
14	手刹(在中控台)	☺	☺	☺	☺	☺	☺	☺	☺	☺	
15	发动机罩脱开机构	◎	⊘	☺	●	☺	☺	☺	☺	☺	从驾驶座椅处难于看见。未作标记
16	转速表	☺	☺	☺	☺	☺	☺	⊘	⊘	⊘	
17	车速表	☺	☺	☺	☺	☺	☺	☺	☺	☺	
18	温度计	☺	☺	☺	☺	☺	☺	⊘	⊘	⊘	
19	燃油表	☺	☺	☺	☺	☺	☺	⊘	⊘	⊘	
20	油压表	☺	☺	☺	☺	☺	☺	⊘	⊘	⊘	车上没有
21	PRNDL表	☺	☺	☺	☺	☺	☺	⊘	⊘	⊘	
22	收音机	◎	◉	☺	☺	☺	☺	☺	☺	☺	1/2~2/3 的收音机控制旋转按钮低于 35°;银色背景上的银色按钮难于快速找到

续表

序号	车内物品：控件、显示设备和把手	控制和显示设备评价标准									评论：具体问题和建议
		可见性、遮挡和反光	前下视角	分组、组合及预期位置	识别标签	图形易读性和照明	可理解性/可解释性	最大和最小舒适触及距离	控制区域、间隙、抓紧	控制运动、力度、可操作性	
23	气候控制	☺	◎	☺	☺	◎	☺	☺	☺	☺	银色背景下模式选择标记难于读取：低位置布置和分离式显示
24	时钟（中控台顶部）	☺	☺	☺	☺	☺	☺	☺	☺	☺	
25	后窗玻璃除霜	☺	☺	☺	☺	◎	☺	☺	☺	☺	银色背景下难于读取标记
26	风扇玻璃除霜	☺	☺	☺	☺	◎	☺	☺	☺	☺	银色背景下难于读取标记
27	离合器操纵	☺	☺	☺	☺	☺	☺	☺	☺	☺	车上没有
28	驻车制动	☺	☺	☺	☺	☺	☺	☺	☺	☺	在控制台上
29	紧急开关	☺	☺	☺	☺	☺	☺	☺	☺	☺	在 CD 插槽上部的中间部位
30	烟灰缸	☺	●	☺	☺	☺	☺	☺	☺	☺	位置太低
31	点烟器	☺	●	☺	☺	☺	☺	☺	◎	☺	位置太低：没有足够的手指抓握空间
32	杯座	☺	●	☺	☺	☺	☺	●	☺	☺	费尽周折：位置太近且太低
33	变速杆	☺	☺	☺	☺	☺	☺	☺	☺	☺	

续表

序号	车内物品:控件、显示设备和把手	控制和显示设备评价标准									评论:具体问题和建议
		可见性、遮挡和反光	前下视角	分组、组合及预期位置	识别标签	图形易读性和照明	可理解性/可解释性	最大和最小舒适触及距离	控制区域、间隙、抓紧	控制运动、力度、可操作性	
34	杂物箱闩锁	☺	🚫	☺	☺	☺	☺	☺	☺	☺	
35	巡航控制开关	☺	☺	☺	☺	☺	☺	☺	☺	☺	在 S/W 转向盘轮辐右侧上
36	行李箱开关	●	☺	☺	☺	☺	☺	☺	☺	☺	从驾驶人眼点处难于看见
37	加燃油口盖开启	☺	☺	☺	☺	☺	☺	☺	☺	☺	在左侧地板上

四、设计实例

1. 电动车窗开关的位置

人们喜欢将生理和心理的工作负荷降到最低。大多数驾驶人喜欢能够减少运动量和施加的力的附件,如远程遥控钥匙、安装于转向盘的冗余控制、电动车窗、电动后视镜、自动变速器等。通过相关评估研究表明,位于驾驶人侧车门开关配置操作更加方便,窗户切换开关隶属于门,且车窗开关置于较高的位置,从前方视线只要大约20°到25°向下眼球运动就能看到车窗开关。

2. 中央布置车速表和中控台布局

视觉显示设备安装在正常视线的 30°～35° 范围内,可以减少驾驶人眼睛运动的时间,且与主要驾驶任务有关的视觉周围探测及监视不会打折扣。这样,驾驶人无需大的头部运动或头部转动就能做出快速眼部运动。而且,在视网膜中央凹内或接近中央凹的视野范围内,具有较高的视网膜敏感度和较快的信息传输速度。

当然,有些汽车内的视觉显示设备向下的角度更少,只有约 12° 到 15° ,驾驶人可以很容易地查看车速表,同时监视前方道路。一般收音机、播放器、空调等按键在位于 35°以上的下视角位置，其位置不能太低，否则在操作时，看不到任何前方道路场景。如图 6-17 所示的特斯拉 MODEL S 的内饰极为简洁，中控台标配的大屏幕省去了物理操作面板的造型和工程设计环节。如图 6-18 所示的阿尔法·罗密欧 Stelvio 采用指针式仪表与数字式仪表结合的显示仪表，减少了中控台控制按钮的数量，而更多地整合到了方向盘上。

图 6-17 特斯拉 MODEL S 的大屏幕中控台

（a）

（b）

图 6-18 阿尔法·罗密欧 Stelvio 指针式仪表与数字式仪表结合

3．车门内饰板布局

车门饰板的设计要注意的是把手不能太靠后，也不能太低，否则门很难从里面打开和关闭。如图 6-19 所示的车门饰板更容易使用，开门把手高位置安装，同时，拉门把手安装的角度比较靠前。

随着驾驶人信息系统与娱乐系统技术的进步，空间设计的内容会不断稳步增加，如多功能控制器、语音控制、数据存储硬盘及蓝牙通信等，允许设计上有更多的选择，满足更多驾驶人的喜好和要求。

图 6-19 MINI COOPER S 五门版车门设计

第七章

情感化设计与包容性设计

第一节　情感化设计

一、情感化设计的含义

1. 情感的含义

情感是由一定的客观事物引起的一种倾向，是人类活动不可回避的现象，并涉及心理学、社会学、文化学和美学的方方面面。[42]情感有正、负之分。当客观事物或情境能满足个体的需求和期望时，就能引起人们产生正面的、积极的情感，如兴奋、感动、快乐、友爱、惊奇等；反之，则引发人们负面的、消极的情感，如愤怒、悲伤、恐惧等。

哲学上说"万事万物都是有联系的"。情感在影响人的认知、行为和判断，改变着人们的思维模式的同时，也被诸多主客观因素影响，如主观上的认知、判断及行为能反作用于情感，客观的人文地理环境及风俗习惯则对情感的形成起着重要作用。如中国五千年的农耕文明造就了中国人的文静内敛，而西方的海洋文明造就了欧美人的开拓进取。"情感"作为一种体验，被用来概括对一些真实或想象的事件、行为或品

[42]秦杨. 基于情感需求的室内环境设计研究[D]. 武汉理工大学, 2013.

质的高度肯定或否定的评价而引起的各种精神状态和生理过程。[43]情感体验赋予生活意义和价值，赋予喜怒哀乐等情绪。

2. 情感化设计

为满足人们的需求，在工业设计领域，也引入了情感化设计的理念。情感化设计即所设计的产品不仅能满足功能和审美的需求，而且能为人的深层次精神追求服务。不论在购买前的鉴赏和选择或者购买后的使用过程中，设计作品都能引起人们的各种情感体验——美学中称为"美感"。[44]情感化设计基于设计心理学，将情感融入到设计中，在解决情感融入的同时达到审美性和实用性的统一。如图 7-1 所示的餐巾纸模仿树墩的外形设计，增添更多想象空间的同时，也提醒人们要节约用纸。

图 7-1　模仿树墩的餐巾纸

二、设计的三个层面

唐纳德·A. 诺曼（Donald A. Norman）在《Emotional Design》中将情感化设计分为三个层面（见图 7-2），即本能层（Outer Tangible Level）、行为层（Middle Behavior Level）和反思层（Reflective Level）。

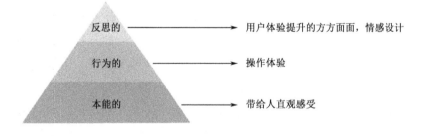

图 7-2　设计的三个层面

本能层设计主要涉及产品外形的初始效果，关注用户对具体产品要素的感受。这些要素是可见的或可触及的元素。如产品的形状、色彩、材质、肌理及结构等。这个设计层面的主要设计目标是满足人们的直观感受，带给人视觉美感。本能层设计关注

---

[43]约翰奥桑尼斯. 营销中的情感力量（第 1 版）[M]. 池娟，译. 北京: 中国金融出版社, 2003, 45-47.

[44]柳沙. 设计心理学[M]. 上海: 上海人民美术出版社, 2013.

产品的外形效果，可以通过适宜的配色和有趣的造型如仿生设计，带来视觉上的愉悦（见图7-3）。

图7-3　酒架

行为层设计主要涉及产品的操作和使用性能，即产品的可用性。行为层设计主要关注用户使用产品的愉悦度和舒适度。这要求设计师能精准地把握用户的认知心理和操作能力，让用户使用产品时感觉简单舒适。行为层设计关注产品的操作和使用性能，通过把握用户在操作中的使用方式，使产品能更好地满足用户的操作习惯（见图7-4）。

图7-4　插座设计

反思层面的设计关注产品的象征意义和社会价值，包括用户的价值取向、文化观念、审美理想等。对于这个层面的设计，设计师需要考虑产品中如何融入更多的

图7-5　水杯

情感因素及文化因素，使产品在满足功能和操作的同时，也能满足用户的某种情感上的需求，使产品本身成为一种情感象征。可以说，反思层面的设计涉及用户的文化背景和意识形态等社会价值层面，是一种人文的设计，也是后现代设计理念的具体化。行为层设计关注产品的情感价值。如水杯上印制的图案，能增添产品的趣味和情感价值（见图7-5）。

三、情感化设计的本质与方法

在现实设计实践中，本能层、行为层与反思层这三个层次的情感体验往往是相互交织的，并没有绝对的划分。现如今，本能层和行为层的设计已进行了长期而深入的研究，而反思层的设计才刚刚起步，需要进行更深入的研究，如何使设计出的产品具有更多的情感体验，也是当今设计师所面临的一个问题。

情感化设计的关键在于通过产品的交互方式、形态、材质、色彩等设计元素激发用户的情感体验，而产品的一些细节也能对用户的心理和情感产生一定的影响。具体而言，通过对一些成功案例的剖析，有以下一些方法和思路可以参考。

1. 增强故事性

在产品设计中，加入一些故事性的内容，能增添整个产品的文化含义和情感价值。具有故事或主题思维的设计产品能通过呈现一个故事，表达作品的主题思想，烘托氛围，在表达设计师理念的同时，也容易引起用户情感的共鸣。故事可以源于自然、社会、历史文化等领域，这需要设计师以产品设计的主题故事为核心，融入各个设计元素，进行系统化思维。如图 7-6、图 7-7 所示的产品，在使用时就让人心领神会，趣味盎然。

图 7-6　插座标签　　　　　　　　　图 7-7　小金鱼茶包

2. 仿生设计

一直以来，人类对自然都有着敬畏和向往的情愫。在产品设计中适当的融入自然界的生命特征，能更容易激起人们内心的情感元素。产品的仿生设计是从人性化的角度，不仅在物质上，更是在精神上追求传统与现代、自然与人类、艺术与技术、主观与客观、个体与大众等多元化的设计融合与创新，体现辩证、唯物的共生美学观。

功能结构仿生是通过研究自然界物质存在的功能、结构原理，将这种功能、结构运用到产品设计中，从而赋予产品更多的生命体特征。如科学家根据蜻蜓的飞行原理成功研制了直升机，模仿企鹅腹部和脚蹼运动设计了雪地车。

外观造型仿生设计是通过对自然生物体的典型外部形态、色彩进行研究分析，在此基础上进行产品形态、色彩的创新设计，在抓住生物体外部形态美感特征的同时，容易激起用户的好感和认同。如图 7-8 所示的笔架，活脱脱一只可爱的刺猬。

材质肌理仿生是设计师借鉴和模拟自然物表面的纹理质感和组织结构特殊属性，发挥产品的实用性，以及表面纹理的审美、情感体验。来自 MUJI 的设计师深泽直人设计的果汁盒，模仿了香蕉的特征（见图 7-9）。

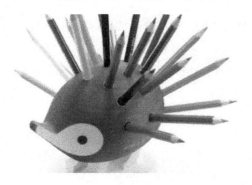 

图 7-8　引入自然形态的设计　　　　图 7-9　香蕉果汁盒

3．提供自定义功能

在设计中，通过增加产品的自定义功能，允许用户进行个性化设置或编辑，产品便具有了用户的情感投入，和用户之间形成一种情感联系。如果产品的完成度太高，反而会让使用者感觉到拘束，好像是设计者强迫他们一样。所以，设计师可以尝试通过适当的留白，让用户也有机会参与到造物的过程中来。设计工作室为 KOKUYO 家居设计的追求灵活性的家具组合，无论是桌子还是抽屉，当使用者需要的时候，随时可以用 500 日元等硬币进行拆卸或者组装，以满足企业不断壮大的需求，或者顺应项目需要，调整办公环境的要求（见图 7-10）。

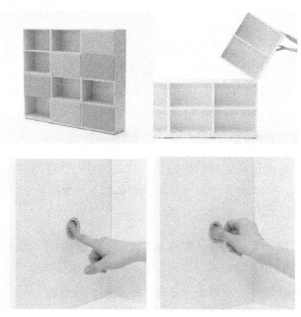

图 7-10　Nendo 设计工作室为 KOKUYO 家居设计的追求灵活性的家具组合

图 7-10 Nendo 设计工作室为 KOKUYO 家居设计的追求灵活性的家具组合（续）

对不同类型产品的设计，还需要设计师根据具体情况进行灵活的设计创新。但是不论怎样变化，情感化设计的关键还是在于通过产品的交互方式、材质、形态、色彩等设计元素激发用户的情感体验，并通过产品要素的某些象征意义来引起消费者的回忆、联想和情感共鸣。[45]

第二节　感性认知元素

情感化设计侧重于从感官刺激引发人的联想与想象，从而产生积极的情感，让人在使用产品时能够获得生理和心理的愉悦。[46]原研哉曾经说过，真正好的设计不是通过强烈的视觉冲击来完成的，而是通过人的五感，自然而然地完成。

一、造型与情感

造型是设计的基本任务，形是设计的基本语言，造型与造物是密切相连的。产品造型可以说是代表着用户和设计师的共同意愿。设计师通过研究，了解把握住用户心中的情感，在产品中融入用户的情感，进而可以形成别具一格的设计。

产品的造型包括产品的形态、材质和色彩等属性。满足人情感需求的产品造型，必定是具有视觉的情感作用力的。设计师通过造型基本元素点线面及其之间排列组合的运用来表现生命活力，进行产品的造型创新。通过产品的造型所带给用户的视觉冲

[45]尹建国, 吴志军. 产品情感化设计的方法与趋势探析[J]. 湖南科技大学学报（社会科学版），2013，（01）:161-163.
[46]许利剑. 情感化设计的评价指标研究[D]. 南京理工大学, 2008.

击来驱动用户的情感意识是情感化设计的目的。

人对产品的感知主要通过五感来实现,包括视觉、听觉、嗅觉、味觉,触觉。其中视觉是最能唤起人体生理体验的、最为直观的感知方式。色彩、形态和材质作为最主要的视觉因素,是设计研究的重点。

1. 色彩感性认知

受自然环境温度和环境的影响,人们对色彩产生冷暖的感知。德国包豪斯学校著名设计师伊顿曾说过:"在眼睛和头脑里开始的光学、电磁学和化学作用,常常是同心理学领域的作用平行进行的。色彩经验的这种反响可传达到最深处的神经中枢,从而影响到精神和情感体验的主要领域。"色彩有三大基本属性,色调、亮度和饱和度。冷色和暖色是依据心理错觉对色彩的物理性分类。红色、橙色、黄色为暖色,象征着太阳、火焰;绿色、蓝色、紫色为冷色,象征着森林、大海、蓝天;灰色、黑色、白色为中间色。冷色调的亮度越高越偏暖,暖色调的亮度越高越偏冷。由于人的生活经历、性格兴趣等的不同,不同的色彩也能产生不一样的联想。例如,儿童生活阅历浅、经历少,他们对不同色彩所产生的联想也多为具象的事物。而成人由于生活阅历的增多,联想的范围也要宽泛许多。例如,女性的很多联想都与自己感兴趣的服饰首饰有关。与安全、放松有关的一种颜色是蓝色,可能因为它与富于生命的水有关,人们自然就被蓝色吸引,当被蓝色包围时就会感到很放松。在飞行时,乘客不得不一直坐在一个受限的区域,可能几小时,甚至几十小时。当感到兴奋甚至是害怕时,却不得不安静坐着,的确让人沮丧。从这点来讲,在客舱内部的色彩方案是要精心设计的,以减少乘客的兴奋程度。蓝色作为一种令人放松的颜色,是在飞机客舱中常用的、柔和的颜色,而不太会在客舱中看到刺激的颜色,如亮红色。相反地,红色与危险有关,它是一种与标志着与有毒的动物及血有关的颜色,因为这些联系,当人们看到红色的东西,就会被刺激。因此,红色应用在关键性安全的环境中——灭火器、紧急按钮、红灯及警示信号。另外,因为红色也与激情有关,能提高警觉及刺激水平,这解释了在赛车中为何大量使用红色,最著名的例子可能就是 Ferrari,几乎所有车型都用了红色。

2. 形态感性认知

对设计来讲,形态既是视觉化的物质形态,也是抽象事物的形态。点线面是设计的最基础元素,不同大小、不同排布的点线面能使人产生不一样的联想。

点作为造型的基础之一，是造型的最小单元。[47]不同形状、大小的点能给人带来不一样的视觉感受。点虽小，但经过不同的排列构成却能蕴含出丰富的视觉意象。如图7-11 所示，喷洒大小不一的点形成一种视觉节奏，中间几个圆点比四周的圆点要大，在突出功能暗示中间喷洒的水花更大的同时，也能形成一种视觉上的聚焦。在设计中，点有各种各样的形状。点通常是有序的，以一定的有规律的形式排列构成的。点的形状、方向、位置及面积以相同重复或有序的渐变的形式呈现。通过疏与密的空间点排列来满足产品造型的不同需求。与此同时，丰富而有规律的点构成，能产生出层次细腻的空间感。

图 7-11 花洒点的形态

线由点形成，连接成面，游走在点与面之间，在造型语言中起着承上启下的作用。造型中线的运用，不仅能起到装饰效果，还可以使产品造型本身更连贯而有序。线本身又有直线、曲线之分。直线给人平静、简洁、明了的意象。如图7-12 中线的运用，具有很强的几何感，基调简洁大气，给人明晰、稳定、淳朴的感觉，多了几分动感与韵律，宛如一串优美的音符，散发着灵动、弹性的美感。如图 7-13 为 2013 年米兰设计周上展出的由建筑师 Zaha Hadid 和 Lab 23 的产品设计师共同设计开发的一系列城市雕塑座椅。座椅采用流动的曲线来表现，蜿蜒起伏的层次使人想到相互交融的冰川裂缝的分层线。而与地面相交的部分也是两条连续的曲线，同时也起到支撑整个造型的作用。座椅的材质是树脂石英，这种填料水晶在光的照射下能折射光线，呈现出闪烁的质感。

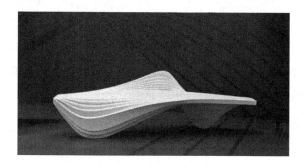

图 7-12 灯罩的线形设计

图 7-13 城市雕塑座椅

[47]陈瑛，等. 平面构成[M]. 武汉: 武汉大学出版社, 2003.

不同形状的面呈现出不一样的情感表现，给人带来不一样的视觉特征。直面具有理性的严谨和锋利的阳刚，简洁明快，易于被人识别记忆，体现的是男性的阳刚之美。如图7-14是由来自阿根廷首都布宜诺斯艾利斯的产品设计师Marcos Madia设计的一款红宝石椅子，由若干个三角形面构成，直面的设计使本就很犀利的外形更加冷酷和锐利，让人一看便觉得气场强大、精神饱满。相比直面给人带来的男性阳刚之美，曲面则散发着优雅，柔软的感情色彩，富有很强的女性化特征。曲面具有自由，流畅的视觉感受，能令人产生圆润、灵动的美感。如图7-15由曲面构成的台灯设计，给人随意、自由、有机的视觉特征，具有很强的女性柔美的特点。

图 7-14　红宝石椅子　　　　　　　图 7-15　曲面台灯

3．材质感性认知

通过触觉，人们能感受到事物的大小、材质、肌理及光滑程度等，唤起大量的联想记忆。如棉绒、羊毛给人带来舒适触感，而麻布、铁锈给人带来粗糙触感等。如图7-16中原研哉设计的标志导视系统，运用棉布作为制作标志材质，温和的触感让医院营造出一种柔和空间的感觉。还有一些产品通过震动来增加用户的触觉体验，如Immersion的触觉回馈技术可以让手机桌面动态壁纸具有一定的触感。百度宣布开发出一种复杂的触控感应技术，可以在人们常用的手机屏幕中检测不同触感的频率范围，通过人为摩擦制造类似于实物的触感和摩擦感，使人们在触摸屏幕时也能感受到屏幕显示内容的触感，从而使得这种屏幕变成了一种传感器。

一般来讲，通过材料、精加工及产品装饰来增加产品的社会地位。比如"高贵"材料如金属木材的回归，相对于塑料，能增加产品的形象。很明显，一支镀金笔，甚至是由铝或钢制成的笔，比塑料制成的相同款式的笔，明显给人的地位印象要高多了。一支设计成镀金或有镶钻笔帽的钢笔尤其招摇，拥有这样一支笔明显是具有社会地位的象征。但是否是具有文化地位的象征却值得思考，有些人可能还会认为这样招摇是很粗俗的。

图 7-16 梅田医院的标志导视设计系统

二、功能与情感

产品设计的目的是创造产品的有用性，故而功能也是情感化设计的要素。从功能维度分析，产品的可用性、易用性、可靠性都会影响用户对产品的认知和理解，从而激发愉悦、惊喜、感动等情感反应。[48]相较产品造型而言，产品功能带来的情感更持久。

唐纳德·A. 诺曼（Donald A. Norman）在《设计心理学》一书中，强调用户在使用产品的过程中，产生的很多消极负面情绪都是因为不适当的设计过多造成的。消除这种负面情绪的最好的方法是设置合理的操作功能及反馈信息，使用户能在使用的过程中产生愉悦、惊喜等正面情绪。随着计算机能力的提升，人机交互更为注重人的全方位体验，注重人与机之间情感的交互。[49]通过人们熟悉的、可感知的、具象的方式展现人对产品操作的反馈，可以增加亲切感，减少产品的冰冷感，打动用户。

一方面，通过设计与用户心理相匹配的动作，来减轻用户的认知负担，也可以增加界面使用的趣味性。在有来电或者闹钟时，可以翻转手机使其静音，与用户翻转不想见到的烦心的图片一样。微信与"淘宝币"中的摇一摇，行为动作跟用户求签摇一摇的动作相匹配，使得用户非常方便地理解相关功能的含义。这种行为关联体验能够和产品界面产生共鸣和互动，让用户产生良好的心理体验。[50]声音作为一种隐式的自然交流方式，不需要特殊的学习、训练或者传播，就可以让用户具有身临其境的感觉，对用户的操作给予即时、适当的反馈。当我们拨动日历上的日期发出的喀喀声，随着拨动的速度声音发生相应的速度变化，就像真实世界中我们拨动的时钟声一样，

[48] SHIN Y H , LIU M .The importance of emotional usability[J] .Journal of Educational Techno- logy Systems, 2007-2008, 56（2）:203-218.

[49]覃京燕. 大数据时代的大交互设计[J]. 包装工程, 2015, 36（8）: 1-5.

[50]姚江, 封冰. 体验视角下老年人信息产品的界面交互设计研究[J]. 包装工程, 2015, 36（2）: 67-71.

产品也就呈现出有趣的意味。虽然日历与时钟并不是同样的事物，但属于同一类型，也能帮助用户理解产品。

另一方面，在用户进行操作后，通过拟物化的动态效果给予用户反馈，也有利于凸显品牌特点、提升用户体验。在界面的虚拟三维空间中，物体在真实空间中的重量感、缓冲、加速、轨迹等属性，通过人为的操控，可以在不同的界面空间中转换，呈现出可视的转换过程。在转场、引导、反馈、加载、启动场景中应用动态特效，常采用形变、运动的技巧，这些改变不是随意的，通常带有拟物效果或者隐喻含义。开关门、缩放、折叠、旋转、翻页之类的转场设计，就模拟了真实的动作，以适合不同层级页面之间的转换。[51]当然也有所删减，在 IBOOK 中如真实翻书过程中背面的文字呈现由于计算方法繁复且影响显示速度而被省略。有些动作拟物化并不明显，比如在界面刷新时，只是一些区域变形并弹跳，好像拉动的是具有弹力的塑料或弹簧，运动速度也非常符合真实物体的运动模式。用户通过移动鼠标突破二维空间的限制，从一点瞬时进入无数可变的空间，用户拖动鼠标的运动轨迹、速度、方向对交互对象的形态、位置、空间等产生变化，形成超越时空限制的多维度动态视觉语言。[52]譬如产品展示动画中图片快要相撞时的"相互让一下"、页面切换的速度、运动加速度、移动的轨迹等细节的体现，都赋予了界面元素人性的特征，为物象注入了沉浸感因素。

当 Smart Design 开始创造 Neato 机器人自动真空吸尘器时，公司首先进行研究、观察和分析。用户如何与现有的机器人吸尘器，如流行的 Roomba 交互的？Carla Diana 与 Smart 的设计团队拜访了 Roomba 用户的家。团队了解到，用户对机器收集到的脏物非常震惊和感到恶心。用户想要用脚启动机器，而不是弯下腰。他们不想接触到这些脏物。另外的研究表明，用户经常给他们的机器起名，对他们来看，这不仅仅是一台机器。他们原谅机器偶尔干得不漂亮，被视作是个性上的怪癖。当用户第一次接触机器（打开包装、学习如何操作机器），会非常乐于发现；但一旦开始使用产品，就会变得挑剔。不久以后，用户期待他们的机器能熟练可靠地支持日常生活，能随着与用户交互的深入而自动适应，能与之清晰交流。为创造 Neato 真空吸尘器的界面，Smart 团队设计 Neato 操作过程中的不同状态的图标、声音、文字等词汇，包括起床、睡觉的音调来表示使用的警告和警示（见图 7-17）。为避免让用户疲劳，界面保守地采用了完整的音调和旋律。当它遇到人或障碍物被困住或迷失了，Neato 会发出一种独特的声音；每一种声音都代表了一种微妙的情绪或态度。

[51]傅小贞, 胡甲超, 郑元拔. 移动设计[M]. 北京: 电子工业出版社, 2013: 157-192.

[52]权英卓, 王迟. 互动艺术新视听[M]. 北京: 中国轻工业出版社, 2007: 23-25.

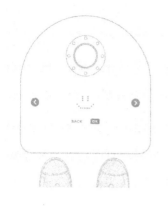

图 7-17　Neato 真空吸尘器

三、文化与情感

不同的文化有不同的表达。由于文化因素的作用，同样的产品造型、同样的实用功能在不同的国家和地区可能市场效果大不一样。产品设计也需要结合区域和国家的文化传统，才能更好地引起用户的共鸣。

例如，二十世纪五十年代美国的喷气机时代（jet-age）美学反映了美国人展望未来的渴望，美国刚刚经历了第一次经济大萧条及接下来的第二次世界大战，而在二十世纪五十年代早期，美国展现出可能是世界上最强大富足的国家。美国人期待着一个光明的、富足的未来，乐观的、进步的未来，因此未来主义的、喷气机时代的造型引起了用户对光明未来的共鸣。

哈雷摩托在近些年欧美国家特别是中年职业阶层的戏剧性的回归，也是产品文化特质引起的商业神话。那些年轻时自认反叛的人，可能对他们现在生活中的显而易见的世俗感到沮丧，拥有一辆哈雷是他们本性中反叛一面的释放。作为一名会计师或律师，在一周辛苦工作之后，人们可能会骑在哈雷上，享受驰骋在荒野中的乐趣，不仅是它本身让人兴奋，更是它能加强一种激情而不是墨守成规的自我形象。

图 7-18　Novopen 胰岛素注射器

Novopen 胰岛素注射器设计得像笔一样，可以很方便地夹在夹克或裤子口袋里（见图 7-18）。这种像笔一样的外观，与传统注射器形成鲜明对比。传统注射器会有消极的暗示。第一，药品联想可能强调了用户的身体状况，而这或许是用户没有必要传达给别人的；第二，可能联想到静脉毒品注射这样让人蒙上污名的事情。而 Novopen 采用画笔的隐喻，降低了个人状况的药物属性，避免了所有毒品的联想。除了帮助避免社会缺陷，产品也能有利于创造积极的社会影响，包括个人与社会整体。

由此可知，产品的造型、功能及产品使用的文化背景都将直接或间接影响着用户对产品的情感反应。这三个方面又相互交织在一起，形成用户对产品的复杂情感。因而，在产品的情感化设计中，需要综合考虑多方面的因素。

第三节　感性工学

一、感性工学的含义

感性工学（Kansei Engineering）是介于设计学、工学及其他学科之间的一门综合性交叉学科，主要通过分析人的感性需求来设计产品，将用户含糊不清的感性认知转换为具体的设计要素，其属于工学的一个新的分支。感性工学的理念是由日本学者长町三生（Mituo Nagamachi）提出，是一种以消费者导向为基础的新产品开发技术。感性工学的英文表述为 Kansei Engineering。Kansei 是由日本语"感性"音译而来。感性工学旨在通过研究产品对使用者感官（包括视觉、听觉、味觉、嗅觉、触觉等）的影响，使产品更好地满足使用者对愉悦感和舒适感的需求，从而激发用户的使用欲和购买欲。长町三生认为感性工学是"将人们的想象及感性等心愿，翻译成物理性的产品设计要素，并进行开发设计的技术"。[53]感性工学的感性是一个动态变化的过程，随时代、潮流、个体和时尚，不断发生变化，这使得感性工学更难把握和测量。

感性工学从工学角度出发，融合了多个领域的研究，以科学研究的态度，对人的感性认知进行量化分析，并将其转换为可视化的数据或图形，其与工学、设计学及其他学科门类有许多交叉点，涉及心理学、基础医学、运动生理学、艺术科学等人文学科和自然科学的诸多领域，并与现代科学技术联系颇多。它将科学与艺术进行了合理

---

[53]长町三生. 感性工学和方法论—感性工学的构造[M]. 日本感性工学委员会, 1997:93-99.

交汇，是一种以顾客定位为导向，将顾客的感受和意向转化为具体的设计要素，并运用现代计算机技术加以量化，借以发展新一代的设计技术和产品。对设计师而言，通过感性工学研究所提供的客观数据和图形，能提高产品的可靠性、易用性，增加产品的人情味和文化深度，从而建立起产品与用户之间的一种情感联系。

从设计研究发展的角度看，感性工学概念的提出，是对人机工程学的补充和深入。工业化革命后，人机工程学的重点都在研究人与物的物理关系方面，如人体运动与产品尺寸之间的关系，人体视觉认识和产品语义等，而对产品及人所产生的情感方面的研究与资料却少之又少。而情感作为人与生俱来的一个特质，是人的认知系统的一个重要组成部分，以人为中心的设计也要求设计师们花大量的时间精力来探讨人的情感与产品特性之间的关系，基于情感的设计必定会对产品设计研究产生意义深远的影响。

二、感性工学的学科构成与研究方法

感性工学主要由三个学科构成：感性分子生理学、感性信息学、感性创造工学。

1. 感性分子生理学

感性分子生理学主要研究人类感性的源头、脑的构造和机能。从人脑的构筑、机能分布、神经细胞和神经传达、脑的感觉处理，到视觉与感性、听觉与感性、嗅觉与感性、触觉与感性等方面的联系，偏重生理角度的研究，通过对感性的计测检验，运用统计学的方法和实验手段，对人类的感性进行评估。

感性分子生理学的评估方法，主要有检测法和 SD 法。检测法，是对人的感觉器官做检测，对受测者的感受变量和"辨别阈"、"刺激阈"的细微变化，作为生理与心理的快适性评估；SD 法是语义差异法（Semantic Differential），由美国心理学家 C.E. 奥斯古德于 1957 年提出的一种心理学研究方法，利用语言表述官感，然后对其进行统计评估的方法，这种方法可获取受测者的感受量曲线。

2. 感性信息学

感性信息学主要对人类感性心理的各种复杂多样的信息作系统处理，包括收集和处理输入数据，以计算机为基础建立人类感性信息处理系统，对数据进行分类、排序、变换、运算和分析，将其转换为决策者所需的信息，并建立信息输出的完整机制，然后进行感性量和物理量之间的转移，再以适当的形式传输、发布，提供给设计者和制造者。

感性信息学有以下三种研究方法。

（1）顺向性感性工学：感性信息→信息处理系统→设计要素。

（2）逆向性感性工学：感性信息←信息处理系统←设计提案。

（3）双向混成系统：将顺向性与逆向性两种感性工学信息处理转译系统整合，形成一个可双向转译的混成系统。

3．感性创造工学

感性创造工学主要是为达到符合使用者需求的产品而作设计和制造方面的研究。从简便、快适、无公害、个性化、趣味性等方面研究感性与形态、感性与材料、感性与色彩、感性与材质、感性与结构、感性与工艺、感性与设计方法、感性与制造学之间的关系。针对特定产品的使用目的，分别对以不同感性为主的应用工具进行界面、有效性、使用性、运算性与推广性的评估，以实验设计方式满足产品的感性诉求。

感性工学的学科构成图如图 7-19 所示。[54]

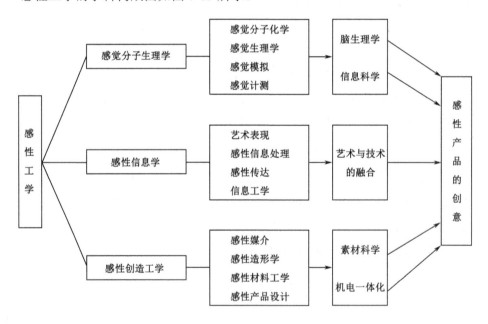

图 7-19　感性工学构成图

[54]王震亚. 基于感性工学的装载机人机系统设计研究[D]. 山东大学, 2011.

三、感性工学研究过程

感性工学是将人的主观的感性认知转换为客观的、量化的设计要素的过程，具体而言可分为从感性层面的产品背景的研究，用户对产品的主观认知，针对产品的感性设计实验，找寻出设计需求与产品设计要素之间的对应关系，以及最后的对实验结果的验证。如图 7-20 所示。

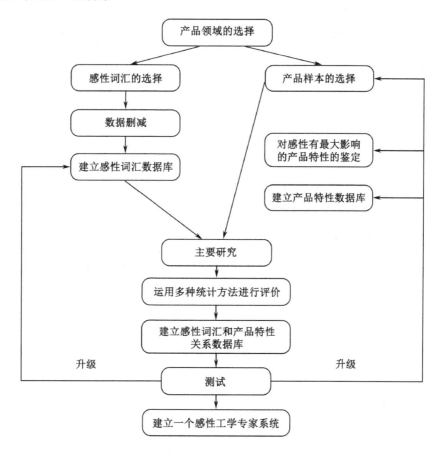

图 7-20　感性工学研究过程

1. 基于感性层面的产品背景研究

设计一款产品，首先需要对产品的设计背景进行深入研究，从产品的现状、产品的行业特点、用户主观感性对产品设计的作用等几个方面入手。以医疗健康产品为例，设计师需要了解现代医疗产品的现状，包括形态的特征、发展趋势等，了解医疗产品的行业特点进行分析，从安全性、专用性和人性化角度分析设计要点，并从感性工学对医疗健康产品设计的作用出发进行分析。

2. 产品的感性设计实验

产品的感性设计实验是应用感性工学系统来支持产品设计的工作流程中重要的一环。产品感性设计实验按步骤如下。

1）产品样本与意象语意的搜集

通过桌面调研和用户调研等各种方法广泛搜集各种要设计产品的造型图片。将图片进行初步分类，去除类型接近的图片，选出一组具有代表性的产品样本图片，并将这些图片进行编号，形成产品样本集。

接着，收集感性词汇。感性词汇是用来描述产品的词，多为形容词。感性词汇一般以形容词词对的形式出现。如阳刚的——阴柔的，宽广的——狭小的，鲜艳的——暗淡的，圆润的——尖锐的等。根据涉及的领域的不同，感性词汇的形容词对一般为50～600个不等。感性词汇的收集方法也是通过桌面调研和用户调研的方法进行。如可以通过网页查找，也可以通过手册、杂志、文献、相关的感性研究结果、用户访谈、调查问卷等对感性词汇进行收集。收集感性形容词后对其进行合理的删减，以避免挑选的词超过被试者的范围。删减感性词汇的方法有两种：一是语意差异法，要求被测者在一定时间内对给定的样本图片给出符合主观意象的形容词，进而为每个因素选择最具代表性的感性词汇；二是专家评估筛选法，请专家根据其自身的专业知识，给出专业的意见，去掉没有意义的词汇，剩下的词汇即是之后实验所选用的感性意象词汇。

2）感性调查问卷的绘制

感性工学最主要的特点是将用户难以描述，模糊不清的主观意象转化为可以量化的设计要素。这需要绘制产品样本的感性调查问卷，通过问卷调查获知用户的主观心理需求。在这一阶段，要求有足够数量和类型的被试者进行感性调查。问卷的设置也与其他领域的问卷设计要求一致，即"简洁、易懂"的原则，以减少占用被测者的时间，方便被测者能在最短的时间内理解并做出选择，如表7-1所示。

表 7-1　感性调查问卷范例

样本	意象调查	喜好度调查
	刚硬的、柔软的	非常不同意
	大的、小的	不同意
	科技的、手工的	中立
	现代的、传统的	同意
		非常同意
	光滑的、粗糙的	视觉质感
	冰冷的、温暖的	形态表现

感性工学中使用了大量的数据，这需要用到统计学的相关知识。目前研究者运用最多的是 Excel、SPSS 等软件进行数据统计分析工作。

3．结果验证

感性工学的结果验证包括两方面的内容：一是对前期的实验结论进行归纳；二是选取新的样本，与之前的设计进行实验比对，通过比对以证实之前结论的可靠性。对前期实验结论进行归纳是感性工学设计中最重要的步骤之一，这一过程的最主要任务是将用户含糊不清的主观感性意象转化为可以量化的设计要素，使感性词汇和设计要素之间建立起对应的映射关系，检验它们之间的相关性，得出结论运用到指导最终产品上。例如，在日本设计大师神藤富雄设计的日产汽车前脸和车尾的造型设计中，将感性词汇与汽车车前灯形状、格栅形状等相关因素与汽车属性联系起来，从而使用户获得丰满的产品意象。

第四节　包容性设计

"包容性设计"（Inclusive Design）是一种设计方法，其目的是确保设计者设计出的产品和服务可以满足尽可能多的大众的需求，而尽量摆脱用户年龄或能力的限制。"包容性设计"是一种全面的、综合性的设计，在提供不同年龄和能力的消费者所使用的广泛背景下，涵盖了产品的各个方面，贯穿于产品从构思到最终生产的整个生命周期。[55]包容性设计倡导关注经常被忽视的使用者群体的特殊需求，促进产品面向更广泛的使用人群。[56]

一、包容性设计的定义

2005 年，英国标准协会首次提出了包容性设计的概念，并将包容性设计定义为"主流产品或服务的设计能为尽可能多的人群所方便使用，无需特别的适应或特殊的设计"。包容性设计与其他术语，比如"通用设计"（Universal Design）、"设计为人人"（Design for All）、"跨代设计"（Transgenerational Design）、"全寿命设计"（Life Span Design）和"多样性设计"（Designing for Diversity）具有相似的含义，基本概念是类似的，但也有区别。

"包容性设计"（在英国广泛使用）、"通用设计"（在美国、日本和澳大利亚等国和中国台湾地区使用）和"设计为人人"（在许多欧洲国家和印度使用）均是被广泛认可的术语，但它们中的每一个都有不同的定义。

在用户模型上，无障碍设计可以视作是自上而下的设计方法和过程，以满足极端用户（金字塔顶端）的需求为首要任务，再拓展至主流用户群体。而通用设计则是一种自下而上的设计过程，以关注主流健全用户为前提，力求提升设计对于特殊用户群体的适用。"设计为人人"是指创造产品、服务和系统来迎合尽可能广的用户的能力范围和使用情况。包容性设计则使设计师、制造商和服务供应商确保其产品和服务能够满足最广泛的受众的需要，不受他们的年龄或能力的限制。[57]通常情况下，"通用设计"和"设计为人人"被看做是"一个崇高的目标"（似乎很难真正实现），而包容性设计则被视为"一个实际过程"（可不断完善）。

二、包容性设计的发展背景

基于以下几个方面的客观事实：①医疗技术的进步和医疗手段的发达，使残疾人士幸存的数量大为增加；②生活环境的改善和社会的进步使人的平均寿命大大延长；③平等和人权概念的大力普及使残疾人自力更生的能力和购买力大为增强；④随着人的平均寿命的延长，对老年人的关注日益增多，开始了对"银发一族市场"的开发。

---

[55]BS7000-6, Guide to managing inclusive design[S]. London:British Standards Institution, 2005

[56]包容性设计工具包. http://www-edc.eng.cam.ac.uk/idt-cn/whatis/whatis.html

[57]DTI Foresight: The age shift-priorities for action[R]. Reportof the Foresight Ageing Population Panel, LondonDepartment of Trade & Industry, 2000.

[58]虽然残疾人和老年人的经济能力日益增强，对他们的关注也越来越多，但是，不可避免地看到市场上还存在着巨大的空白和不足。

能力和残疾只是一个相对的概念。任何人的能力和需求都是一个动态的、复杂的、多样性的系统，随着时间和环境的改变，这些能力和需求也在不断发生变化。譬如，在一个光线不好的环境下，具有正常视力的人识别物体的能力下降，这从某个意义上讲就等同于视障者；一个人在提取重物或者怀抱婴儿的情况下，无法腾出双手来进行简单的操作活动，这就类似于肢体残缺者；在一个高噪声环境中，人们的交流变得极其困难，这不就是聋哑人平时所处的境地吗？因此，从某个意义上来说，任何一个人，都有可能在某个特定的时段或者环境中成为不健全的人，如行动不便、感觉迟钝、生理机能下降等。

建筑设施设计的坡道入口，不仅适应于坐轮椅的人，也适合于拖着行李的人群；大而突出的指路牌，不仅对视力不好的人或老年人有用，在光线黯淡的情况下，也适合于正常人；具有语音识别系统的人机界面，不仅适合于盲人操作使用，在视觉通道过载的情况下（如紧张的监控任务中、司机在开车时）同样适合正常人使用。

随着人机系统的智能化和柔性制造的日益普及，由工业化大生产时代延续至今的针对大规模用户群体进行整体化设计的方式和思维模式，需要向关注多样化需求价值的包容性设计理念转变。包容性设计背后暗含的意义就是，产品和服务的设计可以消除对社会中特定群体的歧视。因此，包容性设计不仅要开始于一个雄心勃勃的立场（即为尽可能多的人设计），而且还应当持一种批判性的视角（即反对设计排斥和歧视）。

三、包容性设计的设计原则

不管是通用设计、适应性设计、可及性设计还是包容性设计，都强调产品及系统应具有最大范围的适应性和可用性，从而满足不同用户多样化的需求、期待及满意度。下面从容易度、容错度、容久度和容情度四个方面对包容性设计进行介绍。[59]

1. 容易度

主要用来衡量产品的易用性程度，可细化为：操作简明性指标、省力性、省时性和舒适性。

[58] PAPANEK Victor. Design for Human Scale[M]. 阿部公正,和尔祥隆,译. 千叶: 晶文社,1985.

[59]江湘芸. 关于行为方式与创新设计之间关系的探讨[M]. 北京: 北京理工大学学报, 2007:59-61.

操作简明性要求产品的使用方式尽量简单明了、易于理解，符合人们常规的思维和习惯。对于使用相关的重要信息，要求具有较强的传达性。以减少误操作的几率，提高产品的使用效率（见图 7-21）。

图 7-21　胡萝卜削皮器　　　　　　　图 7-22　长柄锅

省力性要求产品的使用方式尽量省力。这样一个操作简便相对省力的长柄锅（见图 7-22），采用双把手设计，一长一短，会给使用者带来很大的方便，尤其是对于体能衰弱者、肢体活动受限者等特殊群体。长柄根据人机工程学设计成曲线形，以便更好地与手部贴合，缓解手腕的使用疲劳。

省时性要求设计方便快捷。现在的人们大多疲于工作，生活节奏快，无暇应付生活中的琐碎。如图 7-23 所示的切水果器设计快捷高效，缩短人们的无效劳动时间。

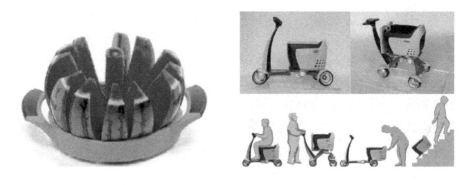

图 7-23　切水果器　　　　　　　　　图 7-24　购物车

舒适性要求设计应充分考虑人的生理特征，产品的尺寸、形态、材质均力求带给人们舒适的使用体验，提高产品的使用效率，给使用者带来愉悦的心情。如图 7-24 中的这款购物车不仅具有很强的功能适应性，满足了人们从购物到载回家的整个使用过程，同时，照顾到了体力较弱的老年人、女性等特殊群体。

2. 容错度

容错度要求产品在使用过程中能保障使用者的人身安全,包括无副作用、不会对使用者的生理及心理健康造成负面影响,包括避错性和挽错性两个方面。

避错性要求设计要保证使用过程的安全,尽最大可能地减少和避免操作差错,将危险性或误操作率降到最低。挽错性则指尽量具备一定程度的修正误动作的能力,减少或避免由于偶然动作和失误而产生的危害及负面后果,并能及时进行挽救。下面这款门锁(见图 7-25)的设计,通过钥匙孔上部的引导设计,提高了操作的精准性。不仅考虑到视力障碍者、手的准确性较差者等特殊人群的使用需求,给普通健康人群的使用也提供了极大的方便,即使是在黑暗的环境中,也能方便地使用。

3. 容久度

耐久性较差的产品不仅会造成浪费,频繁地更换也给人们的日常生活带来不便。用于衡量产品的耐久程度包括耐用性和功能弹性。

耐用性要求产品在材质选择及结构设计上要合理保障工具的正常使用寿命。功能弹性指标指产品的功能可具有一定的可调节性或自适应性,以适应人们较短的时间段内的需求变化,从而延长产品的使用周期。如图 7-26 所示是一款包容性的摇椅,除了具备正常的摇椅功能之外,还适用于有新生婴儿的家庭。将摇椅与婴儿的摇篮固定在一起,坐在椅子上惬意地摇一摇,便可哄宝宝入眠。当婴儿长大不再需要摇篮的时候,可以解开捆绑,摇椅还可以单独使用。

图 7-25 门锁   图 7-26 摇椅

4. 容情度

容情度是指产品的设计重视人们的情感需求,能够缓解压力、放松心情、带来快乐的产品。容情度包括愉悦感和胜任感。愉悦感指标要求产品的外观(包括造型、色彩、材质等)是美观的,能够触发人们一定程度的愉悦的心理感受;要富于感染力与

图 7-27　可以撕的桌子

亲和力，能与使用者形成情感上的交流。胜任感是指体察并关怀人们内心最细腻的情感，尤其是特殊人群，通过设计唤起人们心灵最深处的自我知觉，引起使用者直达心灵的情感共鸣。这款可以"撕"的桌子（见图 7-27）除了具备正常的使用功能之外，还考虑到了儿童这个群体的特殊需求。产品包容了孩子们爱玩儿的天性，他们可以在上面涂鸦，而不用担心把桌子弄脏弄旧，只要撕掉一页，又变成了新的。这款桌子的适用周期也比较长，成本也较为低廉，整个设计充满人性化的关怀。

自行车、轮椅和拐杖能改变用户的生活和生活方式。然而每种交通工具都存在于一个更广的系统中。标准的轮椅需要平坦的道路、斜坡和电梯；在许多用户会面对的乡间、景区高低不平的区域中，它们根本不起作用。好设计能使器材兼具美学与功能，从而更具吸引力。Leveraged Freedom Chair（LFC）在全球可制造、可修理、可行驶。全球两千万用户需要轮椅，但却没有传统转动边缘的轮椅所需的斜坡和铺设的道路。LFC 允许越野行进，相对于标准轮椅使用人力也更有效。它将驱动标准自行车的链轮齿和两个延伸的按压杠杆结合起来，使用户在平地上速度提升 80%，在高低路上产生高 51% 的扭矩。用户通过移动在杠杆长度上的把手调挡。杠杆可取下存放在轮椅的框架上，在室内使用就更为舒适。LFC 是由 Amos Winter 和他在 MIT 移动实验室的学生们一起发明的，团队后来找到了 GRIT（Global Research Innovation and Technology），由 GRIT 在印度的合作制造商生产。目前该产品在印度和其他发展中国家已经发布（见图 7-28）。

图 7-28　LFC 轮椅设计

四、针对儿童的包容性设计实例

包容性设计强调了解用户多样性能够为设计决策提供更好的依据。用户多样性涵盖了用户在能力、需求和期望方面的各种差异。我们应当深入理解有限制的设计和包容设计的含义，了解包容设计的产生背景，以及包容设计对于产品设计成功的重要性。

儿童无疑是属于特殊人群的一种，但诸多设计并没有考虑到他们在一些情境下的特殊需求。设计师应该引导参与者去发掘他们及相关用户（如父母等）在特定使用场景中的核心顾虑和不满，再针对所发现的不足提出相应的产品或服务的解决方案。以下是一系列是"为儿童而设计"的产品与服务设计案例，启发大家思考如何使用包容性设计思维进行创新。

1）包容性洗手间

还不能独立上厕所的不满 3 岁的儿童及他们的父母等相关人群在公共洗手间常遇到的困难：父母带着异性孩子（爸爸带着女儿，妈妈带着儿子）去公共洗手间会尴尬，让孩子独自去又会不放心。针对这个生活中普遍存在的问题，YANG DESIGN 运用包容性设计思维，提出现有的残疾人洗手间也可以同时作为父母带孩子方便的洗手间的想法。将残疾人与父母带孩子的洗手间的标志结合后的新标志设计，以简单环保的方式解决这个尴尬的问题，使得无数已经投入使用的公共洗手间也能通用此设计（见图 7-29）。

Challenges:
Embarrassing:Go to public toilets accompanied by parents of another gender.
Design solution:
Children with parents could use the current disabled toilets.
Only change the sign into disabled person. and parents with children.

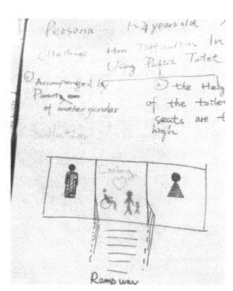

图 7-29　包容性洗手间图标

2）儿童成长椅

有了这把椅子，宝宝可以与大人们一样围坐在饭桌前，也可以用于学习、玩耍等。婴儿时期可以在椅子上绑定婴儿篮或坐垫。这款椅子还是一个伴随孩子成长的好伙伴，适用于从婴儿到童年时期每个阶段使用（见图7-30）。

图 7-30　儿童成长椅

（3）MARGARINFABRIKKEN 幼儿园

MARGARINFABRIKKEN 是一间历史悠久的由厂房改造而成的幼儿园，通过融入包容性设计，使得幼儿园空间无论是孩子还是学校教职员工都能使用的包容性设计。存放物品的家具分为上下两个部分，上部为开放式的空间，存放一些文件夹、资料，高度设计适合老师拿取；下部为封闭式的柜体空间，便于学生存放书包等个人用品，高度设计正适合处于幼儿园的孩子（见图7-31）。

图 7-31　MARGARINFABRIKKEN 幼儿园包容性设计

第三部分

人机工程学方法

第八章

人机工程学研究与评价

第一节 可用性设计的流程与方法

产品或系统的人机界面在完成设计投入市场之前，必须进行严格的测试与评价，才能更好地满足目标用户的需求。设计强调的是以用户为中心的设计，是以在设计调研阶段建立的用户模型和产品的可用性分析为基础，并以产品可用性设计原则为指南进行反复设计。因为设计人员不可能一次就设计出可用性高的产品，所以必须利用反馈，不断地修改设计方案进行反复设计，这也就是"设计—测试—评估—再设计"的过程。因此，可用性测试与用户评估也是可用性设计的关键一环。

一、可用性的含义与评价指标

1. 可用性含义

可用性（usability）早期是交互式 IT 产品/系统的重要质量指标，指产品对用户来说有效、易学、高效、好记、少错和令人满意的程度，即用户能否用产品完成他的任务，效率如何，主观感受怎样，实际上是从用户角度所看到的产品质量，是产品竞争力的核心。

伴随着计算机的发展，可用性研究从二十世纪开始就引起了研究者的重视。在二十世纪九十年代，尼尔森（Nielsen J）在《可用性工程》一书中将可用性定义为"评价用户界面易于使用的质量属性"，将可用性作为人机界面和人机交互的一项内容。

[60]而悉尼大学教授认为可用性设计就是一种人性化设计，人机交互可用性设计方法能有效提高效能，提高人机相和性，对于设计成功与否具有决定性意义。目前比较常用的并被业界和学术界普遍接受的是 ISO 924—11 国际标准对可用性的定义：产品在特定使用环境下为特定用户用于特定用途时所具有的有效性、效率和用户主观满意度。有效性是指用户在特定环境中完成特定任务和达到特定目标时所具有的正确和完整程度；效率是指用户完成任务的正确和完整程度与所使用资源（如时间）之间的比率；满意度是指用户在使用产品过程中所感受到的主观满意和接受程度。

可用性概念的提出把人的重要性提到了一个新高度，使以用户为中心的设计理念深入人心，把人机界面设计的关注点由技术转移到人，为设计师提出更高的要求，设计师在设计产品和网站时，不仅要满足用户在使用中的需求，还需要增强用户的主观满意度。

2. 可用设计的五个指标

尼尔森对可用性做了全面的分析，认为可用性有五个指标，分别是：易学性、易记性、容错性、交互效率和用户满意度。易学性指容易学习，操作上容易理解、容易操作、无须解释，一目了然。易记性是指系统容易记忆，对一些非频繁使用系统的用户，在一段时间没有使用后仍然能使用系统，不用从头学起。[61]容错性指允许用户在使用产品的过程中出错，在出错后能迅速恢复，而且能够防止灾难性错误的发生。交互效率和用户满意度是指系统的使用能使用户感觉愉悦，使用户主观上产生正面的心理感受。

二、可用性设计流程与方法

产品真正的使用者是用户，设计师如仅从自身角度出发来进行产品设计，很难使设计真正符合用户需求。故而，产品是否满足用户的使用需求，产品是否好用，如何使产品好用易用也是可用性研究的关键所在。可用性设计强调以用户为中心，以用户为中心的设计方法，包括用户需求分析、可用性设计、可用性测试与评估、用户反馈四个相关联的环节。需求分析阶段经过用户研究准确识别用户需求，结合情景分析进行情景设计，明确最终的产品目标。可用性设计由概念设计、交互设计及原型设计三个部分组成，是一个不断深入的设计过程。可用性测试与评估是把构成人机界面的软、硬件系统按其性能、功能、界面形式、可用性等方面进行评估与用户测试，向用户展

---

[60]王震亚. 基于感性工学的装载机人机系统设计研究[D]. 山东大学, 2011.

[61]刘和山. 典型技术的产品可用性设计方法研究[D]. 山东大学, 2014.

示基于前面的工作所建立的产品原型以获得他们的看法。用户反馈阶段是将用户测试与评估阶段获得的信息进行整理，获得用户建议，发现用户的新需求。这四个环节贯穿整个设计流程，不断迭代，形成完整的以用户为中心的设计流程，称之为可用性设计 ADEF 环（见图 8-1）。

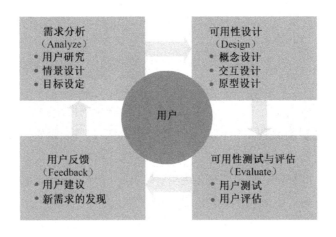

图 8-1　可用性设计 ADEF 环

三、可用性测试与评估

一个成功的产品离不开一个成功的用户界面，而成功的用户界面离不开对界面的评估。人机界面是否好用，是否友好、是否自然，都必须经过我们一定的评价和测试。用户研究与测试关注的不仅仅是可用性，更是超越了单纯的可用性的方法，对产品"愉悦生活"的功能方面也进行深入的探讨，使产品成为一种充满了愉快、乐趣、感动和满足的体验。[62]

（1）测试对象

选择预期的用户群体，具有代表性，要注意他们在产品或系统的使用、经验、能动性、教育、使用界面语言的能力等背景。针对不同的用户群体，制定精细的验收准则，如学习特定功能的时间、出错率、对用户的记忆要求、用户主观满意度等，对系统的不同组成部分进行多次的测试。

或者让该领域的专家使用这个产品或系统，专家的经验使他们能够识别问题、提出创造性的建议。这个测试方法速度快、效率高，但样本数量少，且有时专家带有个人的主观色彩，会影响测试的效果。

[62]兰娟. 在人机学思想中关注产品愉悦功能的设计[J]. 包装工程, 2008, 29（2）：124-127.

（2）评价种类

从界面开发过程的角度来讲，可以分为两类，一是在界面完成之后作出的最终评价，称为总结性评价（Summative Evaluation），另一类是在设计过程中的评价，称为形成性评价（Formative Evaluation）。其中，阶段评价强调在评价中采用开放式手段，如访谈、问卷、态度调查及量表技术；而总结性评价则大多采用定量评价法，如测定反应时间和错误率等。

（3）评价原型

初期用户测试针对的是初期原型，通常指作为低精确度原型的图纸及样型。高精确度的原型将在之后的流程中出现。在进行用户测试时，应仔细地观察、倾听，最好录制下用户在执行特定任务时的反应，看是否与设计定义一致。同时应注意把范围限定在关键领域，着重对设计阶段重点分析的任务进入检验，对参与者的指导必须清晰而全面，但不能解释所要测试的内容。测试没有用过产品的用户以获得新的看法，并向他们承诺研究的保密性，告诉他们是在帮助改进产品而不是在测试评估他们，控制交流的气氛，让用户尽可能自在。

可以使用测试记录获得的信息来分析设计，进而修正和优化原型。当有了第二个原型之后，就可以开始第二轮测试来检验设计改变之后的可用性。随着原型的发展，人机界面的细节设计不断加入，在易学性和易用性之间达到一个平衡，在造型、色彩、材质等方面进行深入考量。这些原型能让用户提出对整体上是否满足用户的需要及反馈它的可操作性。可以不断地重复这个循环迭代的过程，直到满意，进而形成最终的方案并实施。

第二节　常用人机工程学的研究方法

由于研究对象的多样性和应用的广泛性，人机工程学中采用的研究方法种类很多，其中常用于一般产品设计领域的方法如下。

一、定量与定性分析方法

1. 定量分析方法

定量分析法是对现象的数量特征、数量关系与数量变化进行分析的方法。定量研究一般是为了得到统计结果而进行的。在定量研究中，信息都是用某种数字来表示的。在对这些数字进行处理、分析时，需要明确这些信息资料是依据何种尺度进行测定和加工的。

定量分析具有明确性、客观性和实证性的特点。从研究的逻辑过程看，定量分析是比较接近"假说—演绎"方法的研究，对观察实验、收集经验资料、逻辑思维演绎推理都非常重视，应用假设是将观察试验方法和数学演绎形式完美地结合起来。故而，定量分析一般强调实物的客观性、逻辑性和可观察性，强调现象与变量之间的相互关系和因果联系，这也要求研究人员在研究中需要努力做到客观与中立。

在设计研究中，定量分析是把研究数据定量表示，通过统计分析，将结果从研究样本推广到研究总体的方法。定量分析的方法有很多，访谈法、问卷法、实验法、观察法、专家评估法、社会测量法、描述法、预测法等，都是运用的比较多的定量分析法。

2. 定性分析方法

定性分析的对象是事物的特征、发展规律及与其他事物之间的联系，分析的角度是事物的性质，方法是逻辑思维，所依赖的工具是人的观察、总结、分析能力。[63]定性分析要判断对象实体的存在性、要素组合的结构性、要素之间的联系性，是认识事物的开始。定性分析主要是解决研究对象"有没有"或者"是不是"的问题，更多地依靠历史经验的总结与归纳，判断事物之间的联系、事物内部与外部因素中决定因素和影响因素的主次关系，在此基础上对事物未来的发展方向、趋势进行预测。

定性分析是认识事物的基础和逻辑起点，分析事物一般都是从研究事物的性质开始，然后再去研究其数量特征，再回到性质分析，最后用语言文字的方式表达出来。定性分析虽然是起点，但缺乏量化的工具与表达方式，研究方法、内容选择受到研究主体的主观偏好、知识结构、分析能力的影响比较大，不具有精确性。同时，定性分析过度依赖经验总结，推论的严密性不及定量分析，可检验性程度较低。

在设计研究中，定性研究是一种探索性、解释性的研究，是运用相关技术来获得设计者和使用者的构想、动机、感受、行为等方面的较为深层次的信息，用于了解目标设计事物的特征、含义、象征和隐喻手法，从而获取对设计事物的认识。归纳分析法、演绎分析法、比较分析法、结构分析法、文献阅读法是定性分析的主要方法。

---

[63]张晖明, 邓霆. 企业估值中的定性分析方法[J]. 复旦学报（社会科学版），2010（03）：77-85.

二、几种常用数据采集方法

1. 访谈法

访谈是指通过访员和受访人面对面地交谈来了解受访人的心理和行为的心理学基本研究方法。这种研究性交谈，以口头形式，根据被询问者的答复搜集客观、中立的事实材料，以求准确地说明样本索要代表的总体的一种方式。通过访谈法进行信息的收集整理，其优势是非常的直接、迅速。

访谈的过程，首先是确定访谈的对象信息，接着制定访谈脚本，即访谈的内容，再与访谈者约定时间、地点，期间针对个别访谈对象也有稍微的调整。最后是整理访谈结果。

2. 问卷法

问卷法是通过由一系列问题构成的调查表收集资料以测量人的行为和态度的心理学基本研究方法之一。问卷法的主要优点是标准化程度高、收效快。问卷法能在短时间内调查很多研究对象，取得大量的资料，能对资料进行数量化处理，经济省时。

问卷法主要缺点是，被调查者由于各种原因（如自我防卫、理解和记忆错误等）可能对问题做出虚假或错误的回答；在许多场合对于这种回答要想加以确证又几乎是不可能的。因此，要做好问卷设计并对取得的结果做出合理的解释，必须具备丰富的心理学知识和敏锐的洞察力。

3. 实验法

实验法是研究者有意改变或设计的社会过程中了解研究对象的外显行为。实验法在控制条件下操纵某种变量来考查它对其他变量影响的研究方法。作为一种特定的研究方式，实验法涉及三对基本要素：自变量与因变量、前测与后测、实验组与控制组。

实验法又可以分为实验室实验法和自然实验法。实验室实验法指在实验室内利用一定的设施，控制一定的条件，并借助专门的实验仪器进行研究，探索自变量和因变量之间的关系的一种方法。实验室实验法，便于严格控制各种因素，并通过专门仪器进行测试和记录实验数据，一般具有较高的信度，通常用于研究心理过程和某些心理活动的生理机制等方面的问题。但对研究个性心理和其他较复杂的心理现象，这种方法仍有一定的局限性。自然实验法是在日常生活等自然条件下，有目的、有计划地创设和控制一定的条件来进行研究的一种方法。自然实验法比较接近人的生活实际，易于实施，又兼有实验法和观察法的优点，在设计研究中广泛应用这种方法。

4. 观察法

观察法是指研究者根据一定的研究目的、研究提纲或观察表，用自己的感官和辅助工具去直接观察被研究对象，从而获得资料的一种方法。科学的观察具有目的性、计划性、系统性和可重复性。常见的观察方法有核对清单法、级别量表法、记叙性描述。观察一般利用眼睛、耳朵等感觉器官去感知观察对象。由于人的感觉器官具有一定的局限性，观察者往往要借助各种现代化的仪器和手段，如照相机、录音机、显微录像机等来辅助观察。观察法的种类包括以下几种。

（1）自然观察法。是指调查员在一个自然环境中（包括超市、展示地点、服务中心等）观察被调查对象的行为和举止。

（2）设计观察法。是指调查机构事先设计模拟一种场景，调查员在一个已经设计好的并接近自然的环境中观察被调查对象的行为和举止。所设置的场景越接近自然，被观察者的行为就越接近真实。

（3）掩饰观察法。众所周知，如果被观察人知道自己被观察，其行为可能会有所不同，观察的结果也就不同，调查所获得的数据也会出现偏差。掩饰观察法就是在不为被观察人、物或事件所知的情况下监视他们的行为过程。

（4）机器观察法。在某些情况下，用机器观察取代人员观察是可能的甚至是所希望的。在一些特定的环境中，机器可能比人员更便宜、更精确、更容易完成工作。

5. 自我陈述法[64]

自我陈述法（self-report）最早应用于心理学研究。研究员通过患者对一系列关于情绪、行为及性格特征的问题的回答，从而对其病情进行判断。在用户研究中通过个体对自己的使用过程和使用经历的回顾，进行描述，研究者从而获取素材。自我陈述可以以谈话等口头形式进行，也可以以日记、笔记、问卷等书面形式进行。自我陈述法普遍应用于了解用户的情绪、态度、观念等主观感受；也经常与观察法、实验法等方法结合使用，进行定量的数据收集。自我陈述法可以通过电话、邮件、问卷等操作，能灵活实现，可提供有效的自述信息，但也因其干扰性而在使用上受到限制，受试者的主观意图可能影响评估结果。

自我陈述法多使用在产品发布后或功能完整度较高的产品试用期。反馈的收集并不拘泥于纸面的数据，在有条件的情况下录音甚至录像，结合出声思考（Think aloud）方式，会令结果更加丰富。

---

[64]戴力农. 设计调研（第二版）[M]. 北京：电子工业出版社，2016.

三、人机分析应用

1. 姿势与行为评价[65]

工作中的不舒服是很多肌肉骨骼疾病、神经压迫疾病的前兆表现，降低不舒适感可以降低伤病产生的风险，不舒适也可能影响工作效能。因此，改善不舒适的等级也可作为衡量人机工程产品设计成功与否的标准之一。姿势与行为评价是一种基于观察数据的定性或半定性评价的人机工程方法，可为劳动危险保护获取提供重要的支持数据。

1）自述调查法

自述调查法（self-report methods）是量化不舒适的一种重要方法，可细分为PLIBEL 法、NIOSH 不舒适问卷法和 DMS 法等。PLIBEL 通过填写身体五大部分的情况表单，可以系统分析工作空间的人机工程危害情况，评估结果可以作为改进工作设计的基础。NIOSH 不舒适问卷，可以研究不同情形下的肌肉骨骼不舒适情况，如不舒适的强度、频率和持续时间等，目前广泛应用于美国人机工程危害研究领域。DMS（荷兰肌肉骨骼调查）是最综合、最有效的肌肉骨骼不适测量方法，它包含多种大范围人机工程危害的工作区间。

2）工作姿势靶向法

姿势是肌肉骨骼系统活动的直接反映，可通过系统的观测直接评估风险。假定身体每个部分活动于"中性区域"，在"中性区域"范围内的姿势自然舒适，而偏离这个区域越远，产生疾病的风险就越大。可以通过录像或者照片来客观分析这种偏离产生的频率、持续的时间，分析受试者的工作效能与产生疾病的风险。工作姿势靶向法（posture-tar-geting methods）就是利用工作姿势进行人机工程评估的方法，可以在关节骨骼系统不舒适积累到损伤发生之前就识别出可能发生危险的动作，比自述调查法多了风险预知的能力，凸显了姿势靶向法的优势。

3）力与疲劳测量

工作中力与疲劳的测量也是人机工程学专家一直面对的一个问题。不正常的工作姿态需要更多的肌肉力，也更容易引起肌肉疲劳。量化力与疲劳的方法主要有两种，其中，主观疲劳自觉（rating of perceived exertion，RPE）量表提供了一种量化物理施力和做功的方法，肌肉疲劳评估（muscle fatigue assessment，MFA）方法则描述了因不舒适或者疲劳而发生主动姿势改变的方法。经过改进后的两种方法对体力工作设计

---

[65]孙守迁, 徐江, 曾宪伟, 等. 先进人机工程与设计——从人机工程走向人机融合[M]. 北京:科学出版社.

非常有价值，工作的数量和负荷既不会超过限度，工人也不会因为忍受过度的劳作而产生疲劳甚至出现工伤。

4）防止急性损伤

防止急性损伤（prevent acute injury）的评估方法主要有以下两种：Snook 表使用心理生理学来评价力，对抬举、推、拉等工作任务分性别设定安全重量限度，也为每种动作设定了最大力矩的限制。Mital 表也是相似的统计表，可决定最大抬举重量，包括单边抬举、特定抬举等。还有广泛应用的最早的评估腰背伤风险的方法是 NIOSH 抬举公式，这是运用最广泛的一种方法。腰背运动监测（lumbar motion monitor，LMM）则是对 NIOSH 抬举公式进行了修改，加入抬举时间和实际脊椎的负荷，从而可提供更为直接的动态腰疼风险发现。

2．生理负荷评价方法

前面介绍的姿势与行为评价方法，这类方法多数都是基于经验模型的打分和评价，属于半定量方法。而生理负荷定量评价方法，借助工具将作业过程中的人的感受和反应加以量化，如主观量表评价和生理信号测量等。

1）基于等级量表的主观评价

主观评价是一种采用主观量表和调查表，通过打分和回答调查提问的形式，让受试者回答自己感觉的评价方式。主观评价的本质是研究大部分受试群体的意见，以确定多个设计特征对主观感受的影响。在人机工程学实验或实际应用中被证明具有较高的信度和效度的等级量表有如下几种：多维脑力负荷评价量表（NASA-TLX）、主观工作负荷评估技术（SWAT）量表、主观疲劳自觉（RPE）量表、身体部位不舒适度（BPD）量表、类别划分（CP-50）量表、汽车座椅舒适度（ASCS）量表、汽车座椅不舒适度（ASDQ）量表、舒适与不舒适（CDS）量表。基于等级量表度，人机工程学主观评价技术具有操作简便、成本低等优点，尤其适合评估心理反应，如舒适和烦恼等。但这种方法在量表设计及受试者规模方面存在不足。近年在研究过程中，主要通过对经典主观等级量表进行修订，形成面向特定对象的主观评价量表，并引入人体映射方法，在量表中呈现标有被测部位的人体图像，与被测部位相映射，以增强受试者感知能力，提高测试精确性。

2）基于生理信号的客观评价

人机工程客观评价方法具有花费时间较少、所需受试数量少、测量误差较小、可直接测试人体反应等优点，其最大的不足在于测试仪器只能测量客观的人体数据，不能预测人的主观感受，如舒适性等。人体每一种生理系统都有对应的生理过程，通过信号的模式能够反映出对应的活动模式。生理测量目前主要采用"表出法",即通过实验仪器设备测量人的各种生理指标数据(如血压、呼吸、心跳、肾上腺素分泌等),通过测量人的生理指标,建立人的生理变化量与产品特征之间的关系。

眼动仪和脑电仪也是目前运用的比较多的表出法仪器设备。眼动仪通过对人的瞳孔进行捕捉定位,记录瞳孔随注视目标的变化所产生的数据,进而对所形成的数据进行研究分析,便可得到眨眼次数、眼动轨迹、注视时间、热点图等一系列生理信息。眼动仪最早应用于心理领域,现在已广泛应用在广告设计、网页界面设计等设计领域中(见图 8-2)。

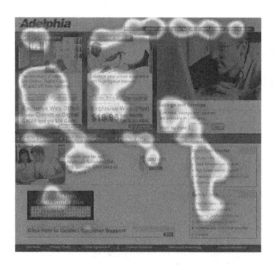

图 8-2　眼动仪在网页设计中的应用

脑电仪的原理是通过仪器,将电极连接在人大脑皮层的穴位,记录人体由外界刺激反应所形成的脑电波图形及数据,对相关数据进行研究分析便可得到受测者的相关生理反应信息。脑电仪能对人的脑电波各种变化进行监测,广泛运用在临床医学、设计等领域。

3)主客观联合评价模型

主观评价和客观评价技术各自存在不足,但两者具有互补性,将主观客观评价技术结合使用,能有效避免主观方法难以有效定量分析且测量误差大的缺陷,也能避免客观方法难以有效预测主观感受的不足。近年来,国内外人机工程学领域大多采用主客观联合评价技术。主客观联合评价的关键是建立主观感受与客观生理指标的关联模型。若两者存在强相关性,则客观方法是主观方法的有效补充,并能通过客观变量预测相应的主观变量。

3．认知能力测量[66]

在操作测试方面，根据对认知能力因素的划分存在不同的观点，心理测量领域亦发展出了诸多针对不同群体和测试目的的认知能力测量工具。从内容的覆盖范围可以将其分为成套测试及单项测试（见表 8-1）。成套测试一般涵盖多项认知能力，在各种研究中也最为常用。

表 8-1　常用认知能力测试

类型	能力测试名称
成套测试（涵盖多项认知能力）	综合认知能力测试（CBA）
	韦克斯勒智力测验 WAIS 及后续修订版本
	斯坦福－比内测试（SB）
	区别能力量表（DAS）
	伍德考克－约翰逊认知能力测试（WJ－Ⅲ）
	考夫曼青少年和成人智力测验（KAIT）
	认知功能电话问卷（TICS）
单项测试（针对特定认知能力）	画钟实验
	100 减 7 系列测试
生理指标和认知之间的关系	从眼动、脑电、心率等测量入手

第三节　计算机人体仿真技术

在进行产品可用性测试时，还可以采用计算机模拟技术进行。这是人机学突飞猛进的一个领域，几乎进入到所有与人的安全、健康、效率、舒适有关的领域。随着人体仿真技术走向应用，虚拟人研究迅速分化，在医学、军事、航空航天、生产等领域，有美国宾夕法尼亚大学推出的 JACK、英国诺丁汉大学设计的 Cyberman、美国航天医学研究所开发的 Combiman、AnyBody 等。这些软件各自以自己的方式控制和显示虚拟人，充分模拟人体的生理特性、能力等。

---

[66]董华, 宁维宁, 侯冠华. 认知能力测量：基于包容性设计的文献综述[J]. 工业工程与管理, 2016（10）:111-116.

一、常见模拟方法

研究平台主要依靠软件，往往也包括相应硬件。有对人体的系统化运动学和动力学模拟，也有对人体局部的有限元模拟，以及各类针对热点问题的专题模拟。模拟方法逐渐成熟，在汽车撞击、工厂生产线负荷模拟、运动产品效果评判等领域甚至进入应用阶段，帮助节省设计成本，深入预判设计效果，极大提升了人机学实践意义。下面对一些常见模拟方法进行分类介绍。

（1）利用人体建模对装配流程和人机工程学进行仿真、分析及优化。各行各业的制造商必须在产品设计和制造规划的早期阶段考虑人工操作的人机工程学因素。人工装配操作的健康和安全要求是非常重要的规定要素，制造商需要寻找最经济有效的方法来处理生产设施中的安全问题。

（2）利用人体仿真和人机工程学解决方案，可以通过在虚拟环境中使用人体建模，改善工作场所的安全状况、提高工作效率，增加工作环境舒适度；可以通过模型分析人工驱动操作，而且可以根据不同人群的特点对模型进行缩放；可以测试设计和运营上的一系列人为因素，包括受伤风险、时间安排、用户舒适度、可达性、视距、能耗、疲劳限制及其他重要参数。从而在规划阶段使产品达到人机工程学标准，避免在生产过程中出现人力绩效和可行性问题。

二、应用范围

以 AnyBody 为例，AnyBody 人体建模仿真系统是计算机辅助人类工效学和生物力学分析软件，其计算人体对于环境的生物力学响应，兼具人机工程和生物力学功能的分析软件，其可以通过导入完整的人体肌肉骨骼模型，用于产品的人类工效学设计。可以分析完整骨肌系统的软件，可以计算模型中各块骨骼、肌肉和关节的受力、变形、肌腱的弹性能、拮抗肌肉作用和其他对于工作中的人体有用的特性等。提供了人体—环境机械力学建模仿真分析的软件解决方案。环境因素包括外载荷和边界条件，以及用户设定或施加的任何人体的姿势和动作，或者来自于用户

图 8-3　AnyBody 软件

的设定，或者是动作捕捉数据（见图 8-3）。

通过 AnyBody 人体建模仿真系统，可以实现：高效掌控前所未有的高细节度人体模型，包括 1000 多个肌肉元素；获得给定环境下的人体内部骨肌系统运动学特性；通过开放的 AnyScript 脚本语言定制人体模型；通过调整和优化参数化模型解决产品设计问题；从动作捕捉系统导入数据以驱动 AMS 模型；导出 AMS 模型数据，转化为有限元计算模型；在普通个人计算机运行软件，进行人体建模仿真研究。

AnyBody 的应用范围包括以下几方面。

1. 骨科植入

用于早期评估骨科植入物的适合性预判（见图 8-4）。也能计算在日常活动、锻炼或任何动态条件下骨骼应力，关节和植入物的力。当为患者设计植入物时，模拟具备实验提供不了的许多优点。例如，知道作用在骨折上的肌肉力，这是设计固定装置的关键信息。骨骼应该从底部还是从顶部支撑？这个问题可以用 AnyBody 建模系统解决。

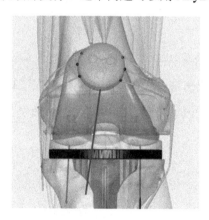

图 8-4　AnyBody 模拟骨科植入

2. 汽车人机交互

汽车人机交互研究内容很多，以踏板设计为例，什么是好的踏板？在某种意义上，它应该提供毫不费力但精确的操作。AnyBody 模型预判出了踏板刚度、座椅和踏板之间的距离，以及影响操作踏板的肌肉力。考虑一个铰接在一端并配备有当被压下时伸展的扭转弹簧的踏板。困难如下：如果弹簧太弱，则踏板将不会为腿提供很多支撑，因此操作者必须伸长腿并抵抗重力保持它。这将变得非常累。另一方面，如果弹簧太刚性，则压下它的肌肉力将变得太大，并且踏板的重复操作或静态保持特定踏板位置将导致疲劳。类似地，不同的座椅位置影响肌肉力量。

3. 航空航天与国防

虽然虚拟建模领域已经存在了几十年，AnyBody 建模系统™是分析人类力学与环境的复杂性的一大进步。这打开了一个全新的、巨大的潜力方向，提高产品性能，提升船员和乘客的舒适性。欧洲航天局的研究和技术中心（ESTEC）和美国国家航空航天局（NASA）Wyle 实验室都在使用 AnyBody 来提高宇航员的耐力和舒适的航天飞机。

这种技术也用于直升机驾驶舱设计，飞行员的表现对乘客和有效载荷的安全及在军事应用中对任务的成功至关重要。人类的能力存在极限，这使得驾驶舱环境的设计成为关键因素。通过肌肉骨骼模拟，可以评估设计参数对飞行员疲劳和飞机可操作性的影响。

4. 职业健康

职业健康的社会经济利益从来就是巨大的。人们或多或少经历过轻度或暂时的背痛，甚至永久性的某种职业伤害。这些损伤中有许多在肌肉骨骼系统中。肌肉骨骼建模是模拟这些情况的理想工具，因为它允许不同工作情况之间的定量比较，并可以评估预判后果。

第四节　统计分析方法

这是人机学研究的传统领域，在方法上往往依赖于统计学成熟计算方法，这方面已经相当成熟，难有大的变化。但具体应用时问卷的设计、统计分析方式的选取，都还有较大变化空间。这类研究的优势在于只要研究对象足够多，问卷和统计方法合理，就可以抽取测量方法无法得到的多类问题的答案，包罗万象的答案可能是人们的偏好、习惯、发病可能性、舒服程度，也可能是广告回报率，甚至用来把爱情、痛苦这类问题参数化。

既然要参数化，调查项目的设计者为了收集数据，把模糊的问题描述变成数字描述，就要设计问卷，在问卷中罗列出问题，并对各细节问题进行加权等操作。常见统计分析方法包括以下几方面。

一、回归分析

基本含义。回归分析是确定两种或两种以上变量间的定量关系的一种常用的统计分析方法，回归分析的基本思想是：①从一组实测数据出发确定自变量和因变量之间的定量关系式，即建立数学模型，然后估计其中的未知参数。②对这些关系式的可信度进行检验。③在多个自变量共同影响一个因变量的关系中，判断哪些自变量的影响是显著的，哪些自变量的影响是不显著的，将影响显著的自变量选入模型中，将影响不显著的自变量剔除，常用两阶段最小二乘法、三阶段最小二乘法等方法。④利用最终求得的关系式对某一生产过程进行预测或控制。

应用介绍。一般来说，回归分析是通过规定自变量和因变量来确定变量之间的因果关系，建立回归模型，并根据实测数据来求解模型的各个参数，然后根据拟合优度值 R^2 来评价回归模型是否能够很好地拟合实测数据，如果能够很好地拟合，则可以作进一步预测。

优劣分析。回归分析的优点在于方法简单，易于操作，在统计软件包中使用各种回归方法计算十分方便。回归分析的缺点在于当自变量和因变量之间是非线性关系时，用回归分析进行拟合的效果往往并不好甚至很差。

二、判别分析

基本含义。判别分析是在已知历史上用某些方法已把研究对象分成若干组的情况下，根据研究对象的各种特征值来判别其归属问题的一种多变量统计分析方法。判别分析的基本思想是，首先根据已知所属组的样本给出判别函数，然后再依次判别每一新样品应归属哪一组。常用的判别方法有距离判别、贝叶斯判别和费希尔判别等。

应用介绍。判别分析在经济学、人口学、医学、气象学、市场预测、环境科学、考古学中有着广泛的应用，一般根据事先确定的因变量找出相应处理的区别特性。在判别分析中，因变量为类别数据，自变量通常为可度量数据。通过判别分析，可以建立能够最大限度地区分因变量类别的函数，考查自变量的组间差异是否显著，判断那些自变量对组间差异贡献最大，评估分类的程度，根据自变量的值对样本进行归类。

优劣分析。 判别分析的优点在于通过判别分析能够将自变量很好地进行分类，判别分析的缺点在于计算复杂，程序烦琐。

三、聚类分析

基本含义。 聚类分析的目的是把分类对象按照一定的规则分成若干类，这些类不是事先给定的，而是根据数据的特征确定的。在同一类里的这些对象在某种意义上倾向于彼此相似，而在不同类里的对象倾向于不相似。聚类分析的基本思想是：首先根据一批数据或指标找出能度量这些数据或指标之间相似程度的统计量；然后以统计量作为划分类型的依据，把一些相似程度大的样品首先聚为一类，而把另一些相似程度较小的样品聚为另一类，直到所有的样品都聚合完毕。

应用介绍。 在经济学中，根据人均国民收入、人均工农产值和人均消费水平等多项指标对世界上所有国家的经济发展状况进行分类；在选拔青年运动员时，对青年的身体形态，身体素质及生理功能的各项指标进行测试，据此对青年进行分类；根据啤酒中含有的酒精成分、钠成分和"卡路里"数值，对啤酒进行分类；在我国，按经济发展水平可以将各地区分为发达地区、欠发达地区和落后地区，这些都要用到聚类分析方法。

优劣分析。 聚类分析的优点在于能够清晰地描述数据并且简便快捷，是很好的统计分析方法。其缺点在于，在样本量较大时，要获得聚类结论有一定困难。

判别分析和聚类分析的区别。 判别分析和聚类分析是两种不同目的的分类方法，所起作用是不同的。判别分析方法假定组已经事先分好，判别新样品应归属哪一组。聚类分析方法是按照样品的数据特征，把相似的样品倾向于分在同一类中，把不相似的样品倾向于分在不同类中。

四、主成分分析

基本含义。 主成分分析是一种通过降维技术把多个变量化为少数几个主成分的统计分析方法，这些主成分能够反映原始变量的绝大部分信息，它们通常表现为原始变量的某种线性组合。主成分分析的基本思想是：设法将原来众多具有一定相关性的指标重新组合成一组新的互相无关的综合指标，来代替原来的指标以达到两个基本目的：①变量的降维；②主成分的解释。

应用介绍。成功的主成分分析在降低维数的同时，能够使所提取的主成分仍保留着原始变量的绝大部分信息，这样就可以对问题给出符合实际背景的和有意义的解释。因此，当我们需要对问题给出合理而又有意义的解释但由于问题本身含有多个变量而又不方便时，可以采用主成分分析，在主成分的累计贡献率达到一个较高的比例时，就可以用这几个主成分对问题进行解释。比如影响男子田径赛跑成绩的因素，影响居民综合消费性支出水平的因素等，都可以用主成分分析进行解释。

优劣分析。主成分分析的优点在于通过降维减少了变量的个数，将变量间重叠的信息展开，降低了分析问题的复杂性，使得对问题的解释变得容易。主成分分析的缺点在于主成分的解释其含义一般多少带有点模糊性，不像原始变量的含义那么清楚、确切。另外，当所提取的主成分中有一个主成分解释不了时，主成分分析就失去了意义。

五、因子分析

基本含义。因子分析起源于二十世纪初，K.皮尔逊和 C.斯皮尔曼等学者为定义和测定智力所做的统计分析。因子分析的目的是，试图用几个潜在、不可观测的随机变量来描述原始变量间的协方差关系。

应用介绍。当多个变量共同影响一个变量时，为了降低分析问题的难度，通常可以采用因子分析，找出主因子进行解释。抓住主要因素，忽略次要因素，在不影响分析问题的精确性时，因子分析不失为一种选择。

优劣分析。与主成分分析相比，因子分析较为灵活（体现在因子旋转上），这种灵活性使得变量在降维之后更容易得到解释，这是因子分析比主成分分析有更广泛应用的一个重要原因。其缺点在于，因子分析只能面对综合性的评价，同时对数据的数据量和成分也有要求。

六、相关分析

基本含义。相关分析是研究两组变量之间相关关系的一种统计分析方法，它能够有效地揭示两组变量之间的相互线性依赖关系。其基本思想是：研究两个变量间线性关系的程度，用相关系数 r 来描述。

  应用介绍。相关分析在实际生活中应用广泛，如牛肉、猪肉的价格与按人口平均的牛肉、猪肉的消费量之间的相关关系，初一学生的阅读速度、阅读能力与数学运算速度、数学运算能力之间的相关关系等。

  优劣分析。相关分析的优点在于，通过降维减少了变量的个数，降低了分析问题的复杂性。相关分析的缺点在于这种降维技术可能会过分削减信息，以至于不能充分反映实际问题。

第九章

人机测量方法与实验

人体测量是人机工程学的基础，在保证工作场所安全、提升工作效率中也十分重要。人体测量方法是个很广泛的概念，其测量指标很多，包括：人体尺寸、姿态、速度、人体功能极限、心跳、体表温度、皮肤导电度、血压、呼吸速率、末梢血液流量、心电图（ECG）、脑波图（EEG）、肌电图（EMG）等。本章仅介绍几种人机工程学中常用的方法。

在涉及人体测量的技术细节时，研究者往往需要面对复杂甚至是互相矛盾的研究结论，比如人体肌肉的测量定位、对人体功耗的预测公式等方面的结论，想要完全验证繁多的现有结论是不可能的，必须努力研究结论来源，辨别结论的可靠性、应用条件和应用范围。

第一节　动作捕捉

一、动作捕捉设备与原理

1. 设备组成

动作捕捉（Motion capture）技术涉及尺寸测量、物理空间里物体的定位及方位测定等可以由计算机直接理解处理的数据。在运动物体的关键部位设置跟踪器（往往就是贴上反光标志物），由动作捕捉系统的摄影机捕捉其位置，再经过计算机处理后向用户提供位置轨迹数据（见图 9-1）。

图 9-1　动作捕捉实验

从技术的角度来说，动作捕捉的实质就是要测量、跟踪、记录物体在三维空间中的运动轨迹。典型的动作捕捉设备一般由传感器、信号捕捉设备、数据传输设备、数据处理设备组成。

2．种类与原理

按照动作的捕捉技术可以将动作捕捉设备分为：机械式动作捕捉、声学式动作捕捉、电磁式动作捕捉、光学式动作捕捉及惯性导航式动作捕捉。由于光学式动作捕捉是目前应用最为广泛的方式，因此这里主要介绍光学式动作捕捉的原理。光学式动作捕捉大多基于计算机视觉原理，通过对目标上特定光点（Marker）的监视和跟踪来完成动作捕捉的任务。理论上说，对于空间中的一个点，只要它能同时为两部相机所见，则根据同一时刻两部相机所拍摄的图像和相机参数，可以确定这一时刻该点在空间中的位置。当相机以足够高的速率连续拍摄时，从图像序列中就可以得到该点的运动轨迹。

在实际应用时，空间中围绕被试固定摆放一组摄像机，通过摄像机标定算法完成摄像机所拍摄的光点 Marker 图像二维坐标到世界坐标系下的三维坐标的还原。其中摄像机标定算法的主要工作是一组摄像机对 Marker 进行跟踪，根据空间三维坐标系与图像中二维坐标的映射关系，建立标定方程，对标定方程做相应的变换后得到计算相对简单的线性方程，从而解除相应的摄像机参数以完成坐标换算，并判断 Marker 所处部位的判断，最终还原捕捉对象的运动信息。通常要求被试穿上单色的服装，在身体的关键部位，如关节、髋部、肘、腕等位置贴上一些特制的称为 "Marker" 的标志或发光点，由视觉系统识别和处理这些标志点。系统定标后，相机连续拍摄被试的动作，并将图像序列保存下来，然后再进行分析和处理，识别其中的标志点，计算其在每一瞬间的空间位置，进而得到其运动轨迹。为了得到准确的运动轨迹，相机应有较高的拍摄速率，一般要达到每秒 60 帧以上。如果在被试的脸部表情关键点贴上 Marker，则可以实现表情捕捉。

光学式动作捕捉的优点是捕捉范围大，无电缆、机械装置的限制。其采样速率较高，可以满足多数高速运动测量的需要。同时 Marker 的价格便宜，系统扩充成本低廉。缺点是系统整体价格昂贵，虽然它可以捕捉实时运动，但后处理（包括 Marker 的识别、跟踪、空间坐标的计算）的工作量较大，相对适合科研类相关应用。

3．动作捕捉技术的应用

在人体工程学研究、模拟训练、生物力学研究等领域，动作捕捉技术大有可为（见图 9-2）。不仅可以实现动作捕捉和信号同步，还可以进入步态、运动训练等细分领域。在动画领域，动作捕捉技术的应用可极大地提高动画制作的水平，提高效率，效果也更为生动。表情捕捉技术提供了新的人机交互手段，使操作者能以自然的动作和表情直接控制计算机。动作捕捉技术能实现虚拟互动，交互式游戏能给人以全新的感受，甚至实现遥控机器人，实现更为直观、细致、复杂、灵活而快速的动作控制。

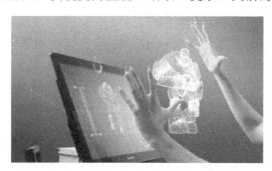

图 9-2　运用动作捕捉的人机互动

二、动作和姿态测量实验

人体动作捕捉，以九州大学人机工程实验室基本配置为例，硬件需要为：摄影机 Eagle Camera x4 与摄影机 Hawk Camera x4（摄影机的增加可减少后期修补难度），Power Hub，内建喇叭，主计算机、屏幕（用于实验者观察）、键盘、鼠标，与 EMG 系统和测力板同时使用。

1．外围设备和准备

镜头脚架及墙壁固定器，Ethernet Switch，L 型校正架，T 字型校正棒，Camera Focus Card（对焦卡），Marker Kit 标志成套工具，视讯镜头，麦克风。

准备 Windows 7、Cortex 软件等。以通常用的 Cortex 为例，开启软件、启动摄影机、建立档案。

2．定位与校正

包含 L 型校正架、对焦卡、T 字型校正棒。系统专有的摄影机 Eagle Camera 采用小型的 4 点标定装置来定义 XYZ 轴；然后，使用 500 mm 棍（用于较大体积的动作捕捉）或者 150 mm 棍（较小体积的动作捕捉）来建立镜头的线性参数。如果镜头移动，需要重新标定。Power Hub 负责镜头的电源供给。

第一次设定 Eagle 系统，将电源线、网络线都插在摄影机的插口上，另一端则插于 Power Hub 和 Ethernet Switch 上，再将网线插于主计算机并连接到 Power Hub。

3．摄影机的准备和系统校正

为了保险起见，要有足够的摄影机数量，同时每一个 Marker 都必须至少有 2 台到 3 台的摄影机可以照射到。当使用更多摄影机，每台摄影机应该防止只照射到一个 Marker。

场地中每个 Marker 能被越多摄影机照射到，就能达到越高的动作准确性，当实验是在一个大型的撷取场地及拥有 10 台以上的摄影机的话，建议在 L 型校正架上的 4 个点都能被 1/4 或 1/2 的摄影机照射到，然后使用 Extend Seed 功能来定位剩余的摄影机。

摄影机的照射范围不应该包括撷取范围之外，以确保最大空间的分辨率，Motion Analysis Motion Capture 的摄影机数量最少 2 台最多 250 台。以架设 8 台摄影机为例，说明如下。

（1）摄影机定位。先把 L 架放在场地中，定位摄影机，完成对 L 架上点的采集并存储。

（2）摄影机对焦。对运动 T 字棒上的光点进行拍摄。之后观察系统反馈，DEV 值可接受（一般设为小于 1）的话继续。

（3）保存校正。

4．贴点标定

根据实验需要、触诊经验和光点位置图来贴点 Marker 点，注意贴点时不能在同一部位所有点成一直线也不能成对称式贴点,因此拇指与手到手腕的贴点距离不能相同尽量避免成正三角形。

　　一般涉及步态需要增加腿部 Marker 数量,而对脊椎的捕捉则要相应增加躯干所贴 Marker(见图 9-3)。

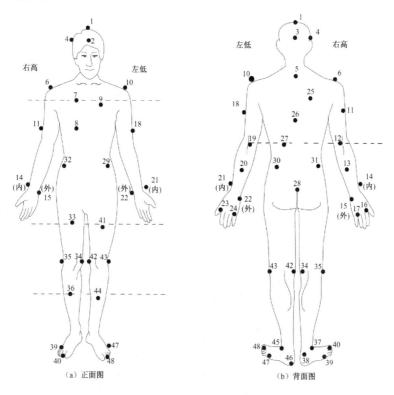

图 9-3　光点 Marker 示意图

5. 拍摄动作

　　(1)先拍摄一段简单动作(T pose),然后加载点模板(Load marker set),用以把人和实验道具导入动作捕捉场景。

　　利用 Quick ID 功能定义 T pose 拍摄步骤中录下的点,令其与加载模板描述的点一一对应。这样,模板里的点与摄影机拍到的点的动态就联系起来了。下一步进行录制过程中,系统就得以自动识别是人体的哪一部分在进行什么运动了。

　　(2)修正。系统在识别过程中难免产生错误,会有个别点的识别在某些帧与实际情况不符。这就需要后期修正。利用快捷键去除杂点并对各点的运动曲线进行平滑处理。

　　(3)保存。保存各点轨迹,一般人机学实验数据保存为 C3D 格式。

第二节　肌电测量

肌电测量的应用范围十分广泛，在所有涉及肌肉功能方面的领域，几乎都有不同程度的应用。例如，工业医学和人类工程学评定及研究领域、运动医学领域（在运动过程中间接测定肌力、疲劳度，以监测运动训练效果、指导制订训练计划、预防运动损伤）、军事医学领域（如对某些军事训练中特有的生物力学现象，对飞行员的重力造成的颈椎损伤进行研究）和神经生理学方面的研究（如对温度改变、体位姿势改变时神经肌肉的生理变化进行相关基础研究）。

表面肌电图（Surface EMG，SEMG），也称动态肌电图（Dynamic EMG）或运动肌电图（Kinesiologic EMG）。表面肌电图在电生理概念上虽然与针电极肌电图（EMG）相同，但表面肌电图的研究目的、所使用的设备及数据分析技术是有很大区别的。它将电极置于皮肤表面，其使用方便，可用于测试较大范围内的 EMG 信号，并很好地反映运动过程中肌肉生理、生化等方面的改变。同时，它提供了安全、简便、无创的客观量化方法，不须刺入皮肤就可获得肌肉活动有意义的信息，在测试时也无疼痛产生。另外，它不仅可在静止状态测定肌肉活动，而且也可在运动过程中持续观察肌肉活动的变化，这对研究运动负荷非常有利。SEMG 虽然可测定较大区域的肌肉活动，但神经肌肉系统是相当复杂的，至少应有 4 个通道以上的 SEMG 仪，方可同时研究双侧相对应的肌群，才可获得更有意义的肌电信息。

一、SEMG 的解剖、生理基础

1. 肌肉与肌肉收缩运动

肌肉在显微镜下，由众多肌纤维组织构成。而肌纤维的显微结构则是由 1um 的肌原纤维组成。肌原纤维是肌纤维中唯一的收缩成分。在肌纤维收缩的同时也相应地产生了微弱的电位差，这就是肌电信号的由来。多个肌纤维的运动才是实际见到的肌肉收缩。

肌肉收缩的原始冲动首先来自于脊髓，并通过轴突传导神经纤维，再由神经纤维通过运动终板发放冲动形成肌肉收缩，每一根肌纤仅受一个运动终板支配，该运动终板一般位于肌纤维的中点。由此表明，EMG 是神经冲动至肌肉收缩过程中的一种生理现象。

2．SEMG 信号产生的模式

SEMG 信号的起源是运动单位活动电位（MUAP），活动电位由给定肌肉收缩过程中所激活的每一运动单位所释放。众多的运动单位以异步的模式被激活，这种异步激活模式提供了流畅运动的可能性。这些运动单位活动的总和构成了肌电信号的强度。

因此，SEMG 信号实质上是多个运动单位活动电位差的总和。这种信号最终也是受中枢神经系统所控制的。并且，肌电图与肌肉收缩之间有着十分密切的关系。一般情况下，当肌肉轻度收缩时，肌电信号相对较弱，且频率也低；而肌肉强力收缩时，肌电信号则较强，且频率也高。

二、SEMG 仪的基本构成与工作原理

SEMG 信号从解剖上讲反映的是脊髓神经冲动到肌收缩的过程；从生理模式上讲则是脊髓发放运动神经冲动至多个运动单位活动电位差，产生生理学意义上的 EMG 信号；从仪器上讲，则是在记录部位，通过减少系统噪音，应用电极和记录装置，记录下 EMG 信号。单个的神经冲动传递至一个运动单位时产生一活动电位差，当下传的冲动分别到达多个运动单位然后分别传出信号，多个运动单位传出信号在记录装置上迭加则形成表面电极记录的 EMG。

1．SEMG 仪的基本构成

由于肌肉活动产生的电位数值极小，一般仅用微伏表示，需要用十分精密和敏感的装置将这一信号拾取和放大。因此，从本质上讲，SEMG 仪是一个敏感性极佳的伏特表。SEMG 仪的基本构成包括拾取电极、传输导线、放大器、滤波器等。此外，先进的 SEMG 仪还有数据记忆卡、计算机及专门的分析软件等设备。

2．SEMG 仪的工作原理

1）表面电极信号的传导特性

在记录电极之前，电信号所需穿越的组织距离越远，其所受的阻抗就越大。而且组织倾向于吸收肌电信号的高频成分，而低频部分则很容易通过，因此，组织也可被认为是肌电信号的低频通过滤波器。

此外，肌肉与记录电极之间的脂肪层为不良导体，脂肪层越厚，抵达电极的信号

量则越小。在相同运动和电极摆放条件下，一般瘦体型者 SEMG 静息电位和峰波幅值较脂肪层厚者为高；甚至在同一个体，脂肪层较薄区域的 SEMG 波幅相对也较大，如虽然臀大肌的肌容积较前臂伸肌大，但前臂伸肌的肌电信号波幅通常大于臀大肌。

2）阻抗

阻抗是电流通过物质时所遇到的阻力，皮肤属于不良导体，因此对肌电信号的微电流也存在阻抗。皮肤的阻抗会受到皮肤的潮湿程度、表皮的油性成分、角质层的密度、死亡细胞厚度的改变而改变。实验中常用一些电解质媒介（如含盐的或增加信号传导的物质）提高电极表面和皮肤表面之间的导电性；在没有应用电解质（干电极）时，皮肤也可通过出汗，而自我提供电解质媒介，增加导电性。

因此，需要保持电极与皮肤之间的阻抗尽可能的低，一般电极处的阻抗须低于 $5000 \sim 10000\Omega$，且使两个记录电极之间的阻抗平衡。通常采用乙醇棉球擦拭皮肤可达到这一目的。当电极和皮肤之间界面的阻抗过高或两个电极之间的阻抗过于失衡，可造成放大器的共模抑制失效，放大过程就会受到来自房间内频率为 60Hz 的干扰。

（3）肌电信号的滤波

肌电信号经差分放大器"增益"后，还需滤波。大部分 SEMG 仪的滤波器可以是 SEMG 仪线路中本身具有的硬件（称之为模拟滤波器），也可以应用软件实现滤波器功能（称之为数字滤波器）。

（4）频率谱分析、疲劳和波段通过滤波器

来自肌肉的肌电信号与光相似，为一频率谱。SEMG 仪可通过某一途径（如波的干涉模式）将其分解成不同的频率成分，并显示其频率范围。"功率频率谱密度"以曲线的形式反映了肌电信号的频率成分。频率谱的分析需要应用一个称之为"快速傅立叶转换系统（FFT）"的数学技术，以将信号分解为各种频率成分。放大器上所获得的往往为合成信号，当将 FFT 连于这一合成信号时，则可将其分解成频率谱图。

三、SEMG 仪的常规操作程序

各种先进技术使 SEMG 仪的操作变得相对简单了许多，例如，遥测技术的应用，避免了需要较长导线的累赘，SEMG 仪的应用空间也大大拓宽；计算机的应用，使 SEMG 信号的存储和分析、显示变得快捷；多通道 SEMG 仪使同步记录、分析多块肌肉肌电信号成为现实。不同的 SEMG 仪可能具体操作有所不同，故应按照 SEMG 仪的随机说明书进行操作。现以具有储存、记忆及遥测功能的 SEMG 仪为例，简单介绍操作程序如下。

（1）根据测试目的选择测试肌肉，贴敷表面电极。

（2）选择储存形式。

（3）设定取样率，选择取样期。

（4）选择是否应用记忆卡的无线遥控或即时测量方式。

（5）在测试肌肉活动或静止状态下测试、记录数据。

（6）数据传输，并根据测试目的应用相应软件进行分析。

如图 9-4 所示为使用 SEMG 仪测量肩臂部肌电信号。

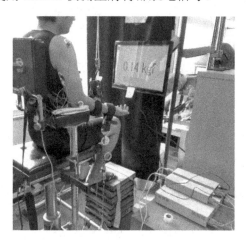

图 9-4　肩臂部肌电信号测量

四、肌肉疲劳量测实验

实验设计提示如下。

（1）分别做伏地挺身 10、20、30 下后，保持伏地姿势不挺身维持 15 秒，量测这 15 秒钟的二头肌、三头肌、胸肌之肌电信号，比较伏地挺身次数的不同是否显著地影响运动后静态肌肉施力 15 秒钟的肌电信号。

（2）根据实验数据，探讨人们在不同程度的肌肉疲劳时，肌电信号的振幅与频率有何改变趋势。

（3）以上实验受测人数至少 8 人，并比较平时常常做运动的人与不做运动的人之实验结果有何差异。

根据提示，可以参考以下的实验方法，自行设计有兴趣的实验。

1．受试者

征选 10 位大学学生参与实验，男女各半。受试者皆签署同意书才开始接受肌电信号的测量试验。他们过去都没有任何骨骼变形相关的疾病。

2．仪器设备及材料

本实验使用的设备与材料包括：电极贴片 9 个，白、黑、红导线各 3 条，肌电信号收集系统及软件，肌电信号分析程序，Microsoft Excel 软件及统计软件包 SPSS。

3．自变量

运动负荷：做伏地挺身 10、20、30 下，三种运动负荷水平。

4．因变量

做完伏地挺身后，保持伏地姿势不挺身维持 15 秒，量测这 15 秒钟的二头肌、三头肌、胸肌之肌电信号，计算各肌肉 15 秒钟的肌电信号（RMS 值）。

5．控制变量

（1）在人因工程实验室同一地点做试验。

（2）固定伏地挺身的标准姿势。

（3）使用同一个量测器材（包括测量肌电信号器材、截取肌电信号软件、计算机）。

（4）量测肌电讯号时间固定为 15 秒。

（5）受测者实验前不得做激烈运动，也就是要有充分的休息。

（6）每两种运动负荷试验的间隔为 30 分钟。

6．实验程序

（1）先记录每一位受测者的姓名、年龄、身高、体重。

（2）进行肌电信号量测的前置作业：将导线及电极贴片准备好。

（3）电极贴片贴到受测者的手臂二头、三头肌和胸大肌，这些肌肉是我们所要观测的目标。

（4）每位受测者分三次试验，各做伏地挺身 10、20、30 下，顺序以随机方式进行，两次试验之间有 30 分钟的休息。每次做完伏地挺身后，保持伏地姿势不挺身维持 15 秒，量测这 15 秒钟的二头肌、三头肌、胸肌之肌电信号，用软件（ACQ）去截取肌电图信号波长，存成文本文件，再用 EXCEL 计算数据，计算各肌肉 15 秒钟的肌电信号（RMS 值），并储存数据。

（5）将每位受测者的肌电信号做分析比较。

（6）将所得数据，应用 SPSS 软件去做统计分析。

（7）分析完数据，并做出结论。

五、不同产品引起的肌肉负荷实验

1．实验目的

本实验主要目的在量测及分析人们在使用不同类型的笔写字时，前臂桡侧伸腕长肌的肌电讯号所呈现的特性。请抽样 20 人（18~25 岁），设计并执行实验，以回答下列问题。

（1）使用不同的笔写字时，前臂桡侧伸腕长肌的肌电信号是否有差异？

（2）写字时，字体的大小是否会影响前臂桡侧伸腕长肌的肌电信号？

2．使用仪器

（1）自行准备 HB 铅笔、粉笔及白板笔各一支。

（2）一张 A4 及半张 A4 空白纸若干张。（在纸张上分别画出 20 格相同大小的方格，一张 A4 的格子大小是半张 A4 格子大小的两倍大）。

（3）肌电信号量测仪器。

（4）肌电信号分析程序。

3．实验设计指示

（1）自变量：笔（铅笔，圆珠笔，马克笔）；书写的字体大小（分别在 A4 及半张 A4 上写满 20 个字的大小）。

（2）因变量：肌电信号（RMS 值）。

4．实验步骤指示

（1）先记录每位受测者的姓名、年龄、身高、体重与惯用左手或右手。

（2）进行肌电信号量测的前置作业。

（3）在量测肌电信号时，顺序上应采完全随机的方式进行，每位受测者使用 HB 铅笔、粉笔及白板笔，分别在准备好的纸张上写满 20 个"我"字。

（4）每种实验组合的测试时间为 1 分钟，测试与测试间应休息 2 分钟，实验人员于每次测试完后，进行档案储存的工作。

（5）最后利用肌电信号分析程序进行肌电信号的处理工作，以肌电信号（RMS 值）做方差分析（ANOVA），并回答上述两个问题。

第三节　静态肌力测量

一、原理介绍

肌力测定可为制定搬举卫生限值提供参考。在肌力测定中，静态、等长肌力测试是一种实用的测试方法。人的自主肌肉（骨骼肌）借由运动神经元加以刺激而收缩施力。因为肢体运动时会有加速度与减速度的情况发生，而且关节角度的变化也会影响施力大小，所以要量测动态肌力就会有许多困难需要克服。肌肉力量的测定与人体尺寸的测量有着相似的意义和用途，通常是测定肌肉收缩的最大力（maximum strength），是受试者以某个特定的姿势进行一次最大自主收缩（maximum voluntary contraction，MVC）时产生的力量，它可以直接评价受试者相应肌肉群的最大收缩力量，也可以作为该肌肉群做其他量级收缩的标准，比如以 50%MVC 的力量收缩。人机工程学目的的肌肉力量测定也经常用来预测该人群肌肉力量的整体水平。

量测人体的静态施力，通常是利用力量感应器（Force Transducer，又称 Load Cell）将力量转换成电子信号，或是用应变规（Strain Gauge）把变量（strain）转换成电子信号，再透过放大器、信号转接盒等仪器来记录电子信号。所谓的应变指的是受力后所产生的变形，将应变规黏贴在受测物体的表面，当物体受到外力变形时，应变规也会跟着变形且使其电阻值改变，测量变化的电阻值而得知物体所受的力量，这就是应变规用来测力量的原理。如图 9-5 所示是一个电子式的握力计。握柄间距可以透过旋转钮作调整，使其适合不同手掌的人来使用。调整握把间距可以参考 Fransson and

Winkel （1991 年）的研究结果：女性在握把间距为 5~6cm 之间时可产生最大握力，而男性在握把间距 5.5~6.5cm 之间时会产生最大握力。当握把间距超过这个范围后，每超过 1cm，男性与女性的握力约减少 10%。

图 9-5　握力计

要测得个人某种肌肉的最大静态施力，必须使其在一定的姿势下，要求受测者对一个固定不动的物体持续增加出力，在一秒内使出最大力量，并且维持四秒钟期间收集力量资料。美国工业卫生协会（American Industrial Hygiene Association）建议：在使出最大肌力后要维持四到六秒钟，并取其三秒钟的平均力量值来作为最大肌力的代表值（Chaffin，1975 年），亦有学者以过程中的最大值（peak strength）作为最大肌力的代表值。

个人的最大静态施力不见得每次量到的数据都一样，因为人们可能会受到一些因素而增加或减少其最大静态施力的表现，例如，身体疲劳的程度、情绪的状态、施力的动机与愿望、被激励的程度、药物影响、恐惧感、自我保留、竞争心态和环境压力等。因此，为了得到比较稳定的量测结果，必须尽量控制以上因素在一定的情况下施予测试，以多次量到的数据取平均值。同时，两次测试最大静态施力之间，应该给予受测者充分的休息，一般情况至少需提供两分钟的短暂休息时间为宜。

有些研究显示：最大肌力与耐力之间有充分的正相关，所以甄选人员从事需要耐力的体力工作时，只要使用肌力测试即可得知哪些人比较适合从事需要耐力的工作，而不必使用费时又费力的耐力测试（吴水不等，2003 年）。但是，在工业实务上，光是量测静态肌力无法得知某种人工物料搬运作业，在一天工作八小时条件下，最大可接受的抬举能力（搬运物体的重量）。此时，就必须运用心理物理法（简称心物法），做试验以了解目前作业员的最大可承受抬举重量（MAWL）。

二、实验设计提示

（1）选定至少两个可能影响最大握力的自变项，例如：年龄、性别、手臂姿势、握柄间距、身体疲劳程度、情绪状态、是否穿戴手套等。依照选定的自变量来设计实验。

（2）决定每一个自变项有几个不同的水平，并定义清楚各水平的实验设定。

（3）找至少 30 人为被试者，从事以上不同实验水平下的最大握力量测。

（4）统计不同实验水平下的最大握力的平均数和标准差。

（5）统计分析每一个自变量是否会显著地影响最大握力。

三、实验示例

1. 受试者

抽样大学生男性与女性各 30 人（18～25 岁），共 60 人。记录每位被试者之年龄、性别等基本资料。被试者皆签署同意书才开始接受最大握力的测量。保证他们过去都没有任何肌肉骨骼相关的病历。

2. 仪器设备及材料

电子式握力计，其控制面板上只有两个按键；右边的为电源开启或归零键（On/C），左边的按键是电源关闭键（Off）。显示荧幕上的数字为呈现每次测量握力的最大值，单位：公斤。握柄间距可以透过旋转键作调整，使其适合手掌大小不同的人来使用。另外，还有准备半导体产业无尘室专用的乳胶手套三种，尺寸有大、中、小各两双。

3. 自变量

本实验的自变量有两个，分述如下。

（1）是否穿戴乳胶手套：戴上乳胶手套或空手，两种水平。

（2）手臂姿势：前臂保持水平，而手肘屈曲角度分别为 90°、135° 与 180° 三种水平，如图 9-6 所示。

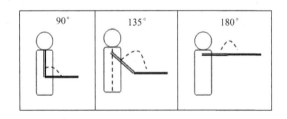

图 9-6　实验的三种手臂姿势

4. 因变量

持续施力 5 秒的最大握力（kg）。

5．控制变量

（1）室内温度在 23℃到 27℃。

（2）受测者不处于紧张状态。

（3）握柄间距调整在 5 公分。

（4）年龄大小控制在 18~25 岁。

（5）量测时皆采取站立。

（6）每次测试前，握力计都要归零。

（7）手持握柄，尽最大力量握住握柄五秒钟。

6．实验程序

（1）记录每位受测者的年龄、性别等基本资料。

（2）量测握力时，手臂姿势与戴不戴手套有六种实验组合，顺序上采用完全随机的方式进行。

（3）被试者从事每一种实验组合时，都重复量测最大握力两次，测试与测试之间至少休息 2 分钟。

（4）实验人员记录被试者的测试结果，且不可将实验结果透露给被试者。

7．资料分析方法

实验所得的数据，利用 SPSS 版软件进行最大握力的统计计算，并画出平均数直条图；然后再做方差分析（ANOVA），检定两个自变项是否显著地影响最大握力，在此显著水平设为 $\alpha=0.05$。